蜜蜂

[法]法布尔◎著
陈筱卿◎译

长江出版传媒 | 长江文艺出版社

Welcome

目录

只要有一片荒石地

浙江省特级教师　施民贵

《蜜蜂》是小学三年级的一篇课文。

“听说蜜蜂有辨认方向的能力，无论飞到哪里，它总是可以回到原处。”真的吗？课文《蜜蜂》讲述了这个有趣的实验——

“我”在自家花园的蜂窝里捉了二十只蜜蜂，在它们背上做上记号，叫小女儿守在窝旁。“我”走出二里多路，放飞蜜蜂。结果第二天，有十七只蜜蜂没有迷失方向，先后准确无误地回到了家。“我”尚无法解释蜜蜂为什么有辨认方向的能力。

我好想也做一次“蜜蜂”的实验，可我不

敢捉蜜蜂。我能做其他昆虫的自然实验吗？当然可以啦！这本书里，就讲述了许多本课作者法布尔观察自然的实验故事，首篇更是介绍了他的“实验室”——荒石园。

“荒石园？”没错，荒石园，一个被废弃的荒园，而且是乱石成堆的荒园。就是这样一个荒石园，对于科学家法布尔来说，简直就是一个无比奇妙的自然观察实验室，他再穷也要买下这个“钟情宝地”。就是这个“偏僻荒芜的不毛之地”，“却是刺茎菊科植物和膜翅目昆虫们所喜爱的地方”。正“因无人问津”，“我便可以在那里”“专心一意地对砂泥蜂和石泥蜂等去进行艰难的探索”。做实验，只要有一个荒石园就行，哪怕只有一片荒石地。

法布尔说，“我始终深信节腹泥蜂的秘密洞穴中还有许多尚待我们去探索的有趣的秘密”，“飞蝗泥蜂的猎食活动还会向我们提供许多有趣的故事”……有这样的“始终深信”，才能探索到“有趣的秘密”和“有趣的故事”。可见，做实验，除了有一个荒石园，还要持之以恒，观察，观察，再观察。

荒石园的主人法布尔视生灵是“我亲爱的昆虫朋友们”；他“边听着蝉儿欢快的鸣唱边仔细地观察着”，并逐一“描述”；他说自己“在为青年人而写”，“真切地希望他们能热爱”这门博物史专业……可见，做实验，除了有一个荒石园，还要充满热爱并“描述”发现，像课文《蜜蜂》一样写下来。哈哈，课文《蜜蜂》这一单元的习作就是“我做了一项小实验”，同学们，快动动笔，也将你的实验故事像法布尔一样写下来吧！阅读是写作的基础，写作能促进阅读理解，齐头并进，阅读与写作会比翼齐飞。

打开这本书，你会读到更多法布尔的实验故事——

第一个故事《荒石园》：这简直就是一门自然实验教程！只要有一片荒石地，就是一个自然观察实验室；用心打理一下，就会“招蜂引蝶”，有更多的观察对象；当然，观察要有耐心，要学会连续观察；观察实验，就要有一定的实验干预，还要记录下来……

——读了《荒石园》，我们的“蜜蜂”实验就梦想成真！

第二个故事《毛刺砂泥蜂》：毛刺砂泥蜂有非常可怕的武器——尾部的毒针。它号称是“手术专家”，不用学天生就会。砂泥蜂“做手术”的时候，用它的大螯掐住夜蛾幼虫的脖子，任凭夜蛾幼虫拼命挣扎。它先把毒针刺进夜蛾幼虫的头部与第一体节之间（这是夜蛾幼虫皮肤最薄的地方），让毒针在幼虫身上停一会儿再拔针，这样幼虫就晕迷了。砂泥蜂不能让幼虫死掉，这样可以保证夜蛾幼虫在砂泥蜂的宝宝吃的时候很新鲜。

——毛刺砂泥蜂，真是一位顶极的“手术专家”！

第三个故事《隧蜂》：隧蜂是蜜蜂的一种，它形态不一，有的跟蟑螂大小差不多，有的比家蝇还小，这会令新手们在辨认它时一筹莫展。不过隧蜂有一个永恒不变的特征——如果你抓到一只隧蜂，请仔细观察它的尾部，这里有一道油光锃亮的钩槽，在它进入攻击状态时，螫针会沿着这道沟槽做上升、下降运动。在隧蜂巢旁的花丛里，随处可见隧蜂们愣头愣脑地四处搬运蜂蜜，这热火朝天的劳动也别有一番风味。它们必须争分夺秒地潜入地下。但是隧蜂的巢穴太过狭窄，通常第一只刚到，第二只便接踵而至，如果硬挤过去，会使花粉掉落下去。

——隧蜂一时难辨，不过，我头脑里有点印象了！

第四个故事《红蚂蚁》：红蚂蚁全身通红，嘴巴像钳子一样；红蚂蚁既不会找食物，也不会干活，为了生存下去，就抢走黑蚂蚁的幼虫，让黑蚂蚁饲养自己；红蚂蚁怕寒且繁殖力强，多栖息于厨房、卫生间地板的瓷砖缝隙内。

——我仔细找找，或许也能找到红蚂蚁！

第五个故事《燕子与麻雀》：这是我们最常见的鸟类，在我们眼中，它们就是生活在我们视线中的普普通通的小生物。我们很少思考它们如何建造巢穴，但是法布尔对此产生了兴趣，并用自己严谨的观察和考证为我们揭开了谜底。

——燕子与麻雀，也有“蟋蟀的住宅”一样的别墅吗？

阅读法布尔的书，我们不仅能感受到作者对科学的热爱，而且能感受到文学的灵动。这样的奇书，能让阅读者科学与文学兼得，从而爱上科学，爱上写作。

读了课文《蜜蜂》，一定要打开这本同步阅读小书。以后我们在语文课本里还会读到法布尔的《蟋蟀》《绿色蝈蝈》等，那时，一定要打开世界名著《昆虫记》。这样，我们的科学梦会越来越清晰！

荒石园

那儿是我情所独钟的地方，是一块不算太大的地方，是我的“钟情宝地”，周围有围墙围着，与公路上的熙来攘往、喧闹沸扬相隔绝，虽说是偏僻荒芜的不毛之地，无人问津，又遭日头的曝晒，却是刺茎菊科植物和膜翅目昆虫们所喜爱的地方。因无人问津，我便可以在那里不受过往行人的打扰，专心一意地对砂泥蜂和石泥蜂等去进行艰难的探索。这种探索难度极大，只有通过实验才能完成。我无须在那里耗费时间，伤心劳神地跑来跑去，东寻西觅，不必慌急慌忙地赶来赶去，我只是安排好自己的周密计划，细心地设置下陷阱圈套，然后，每天不断地观察记录所获得的效果。是的，“钟情宝地”，那就是我的夙愿，我的梦想，那就是我一直苦苦追求但总难以实现的一个梦想。

一个每天都在为每日的生计操劳的人，想要在旷野之中为自己准备一个实验室，实属不易。我四十年如一日，凭借自己顽强的意志力，与贫困潦倒的生活苦斗着，终于有一天，我的心愿得到了满足。这是我孜孜不倦、顽强奋斗的结果，其中的艰苦繁难我在此就不赘述了，反正我的实验室算是有了，尽管它的条件并不十分理想，但是有了它，我就必须拿出点时间来侍弄它。其实，我如同一个苦役犯，身上锁着沉重的锁链，闲暇时间并不太多。但是，愿望实现了，总是好事，只是稍嫌迟了一些，我可爱的小虫子们！我真害怕，到了采摘梨桃瓜果之时，我的牙却啃不动它们了。是的，确实是来得晚了点儿：当初的那广阔的旷野，而今已变成了低矮的穹庐，令人窒息憋闷，而且还在日益地变低变矮变窄变小。对于往事，除了我已失去的东西以外，我并无丝毫的遗憾，没有任何的愧疚，甚至对我那消逝而去的光阴，而且我对一切都已不再抱有希望了。世态炎凉我已遍尝，体味甚深，我已心力交瘁，心灰意冷，我每每会禁不住要问问自己，为了活命，吃尽苦头，是否值得？我此时此刻的心情就是这样。

我放眼四周，只见一片废墟，唯有一堵断墙残垣危立其间。这个断墙残垣因为石灰沙泥浇灌凝固，所以仍然兀立在废墟的中央。它就是我对科学真理的执着追求与热爱的真实写照。啊，我的心灵手巧的膜翅目昆虫们啊，我的这份热爱能否让我有资格给你们的故事追加一些描述呀？我会不会心有余而力不足啊？我既然心存这份担忧，为何又把你们抛弃了这么长的时间呢？有一些朋友已经因此而责备我了。啊，请你们去告诉他们，告诉那些既是你们的也是我的朋友们，告诉他们我并不是因为懒惰和健忘，才抛弃了你们的；告诉他们我一直在惦记着你们；告诉他们我始终深信节腹泥蜂的秘密洞穴中还有许多尚待我们去探索的有趣的秘密；

告诉他们飞蝗泥蜂的猎食活动还会向我们提供许多有趣的故事……然而，我缺少时间，又是单枪匹马，孤立无援，无人理睬，何况，我在高谈阔论、纵横捭阖之前，必须先考虑生计的问题。我请你们就这么如实地告诉他们吧，他们是会原谅我的。

还有一些人在指责我，说我用词欠妥，不够严谨，说穿了，就是缺少书卷气，没有学究味儿。他们担心，一部作品让读者谈起来容易，不费脑子，那么，该作品就没能表达出真理来。照他们的说法，只有写得晦涩难懂，让人摸不着头脑，那作品就是思想深刻的了。你们这些身上或长着螫针或披着鞘翅的朋友们，你们全都过来吧，来替我辩白，替我做证。请你们站出来说一说，我与你们的关系是多么亲密，我是多么耐心细致地观察你们，多么认真严肃地记录下你们的活动。我相信，你们会异口同声地说："是的，他写的东西没有丝毫的言之无物的空洞乏味的套话，没有丝毫不懂装懂、不求甚解的胡诌瞎扯，有的却是准确无误地记录下来的观察到的真情实况，既未胡乱添加，也未挂一漏万。”今后，但凡有人问到你们，请你们就这么回答他们吧。

另外，我亲爱的昆虫朋友们，如果因为我对你们的描述没能让人生厌，因而说服不了那帮嗓门儿很大的人的话，那我就会挺身而出，郑重地告诉他们说：“你们对昆虫是开膛破肚，而我却是让它们活蹦乱跳地生活着，对它们进行观察研究；你们把它们变成了又可怕又可怜的东西，而我则是让人们更加喜爱它们；你们是在酷刑室和碎尸间里干活，而我却是在蔚蓝色的天空下，边听着蝉儿欢快的鸣唱边仔细地观察着；你们是使用试剂测试蜂房和原生质，而我则是在它们各种本能得以充分表现时探究它们的本能；你们探索的是死，而我探究的则是生。因此，我完全有资格进一步地表明我的思想：野猪把清泉的水给搅浑了，原本是青年人的一种非常好的专业——博物史，因越分越细，相互隔绝，互不关联，竟至成了一种令人心生厌恶、不愿涉猎的东西。诚然，我是在为学者们而写，是在为将来有一天或多或少地为解决“本能”这一难题作点儿贡献的哲学家们而写，但是，我也是在，而且尤其是在为青年人而写，我真切地希望他们能热爱这门被你们弄得让人恶心的博物史专业。这就是我为什么在竭力地坚持真实第一，一丝不苟，绝不采用你们的那种科学性的文字的缘故。你们的那种科学性的文字，说实在的，好像是从休伦人①所使用的土语中借来的。这种情况，并不鲜见。

然而，此时此刻，我并不想做这些事。我想说的是我长期以来一直魂牵梦绕着的那块计划之中的土地，我一心想着把它变成一座活的昆虫实验室。这块地，我终于在一个荒僻的小村子里寻觅到了。这块地被当地人称之为“阿尔玛”，意为“一块除了百里香恣意生长，其他植物几乎没有的荒芜之地”。这块地极其贫瘠，满地乱石，即使辛勤耕耘，也难见成效。春季来临，偶尔带来点雨水，乱石堆中也会长

① 休伦人：17 世纪时的北美洲印第安人中的一支。

出一点草来，随即引来羊群的光顾。不过，我的阿尔玛，由于乱石之间仍夹杂着一点红土，所以还是长过一些作物的。据说从前那儿就长着一些葡萄。的确，为了种上几棵树，我就在地上挖来刨去，偶尔会挖到一些因时间太久而已部分炭化了的实属珍稀的乔本植物的根茎来。于是，我便用唯一可以刨得动这种荒地的农用三齿长柄叉来叉刨叉挖了。然而，每每都会感到十分遗憾，据说最早种植的葡萄树没有了，而百里香、薰衣草也没有了。一簇簇的胭脂虫栎也见不着了。这种矮小的胭脂虫栎本可以长成一片矮树林的，它们确实长不高，只要稍微抬高点腿，就可以从它们上面迈过去。这些植物，尤其是百里香和薰衣草，能够为膜翅目昆虫提供它们所需要采集的东西，所以对我十分有用，我不得不把偶尔被我的农用三齿长柄叉刨出来的又给栽了进去。

在这儿大量存在着的，而又不必我去亲手侍弄的是那些开始时随着风吹的土粒而来的，尔后又长年积存起来的植物。最主要的是犬齿草，那是十分讨厌的禾本植物，三年的炮火连天、硝烟弥漫的战争都没能让它们灭绝，真是“野火烧不尽，春风吹又生”。数量上占第二位的是矢车菊，全都是一副桀骜不驯的样子，浑身长满了刺，或者长满着棘，其中又可分为两至生矢车菊、蒺藜矢车菊、丘陵矢车菊、苦涩矢车菊，而尤以两至生矢车菊数量最多。各种各样的矢车菊相互交织，彼此纠缠，乱糟糟地簇拥在一起，其中可见一种菊科植物，形同枝形大烛台似的支棱

着，凶相毕露，被称为西班牙刺，其枝杈末梢长着很大的橘红色花朵，似同火焰一般，而其刺茎则是硬如铁钉。长得比西班牙刺要高的是伊利大刺蓟，它的茎孤零零地“独立寒秋”，

笔直硬挺，高达一两米，梢头长着一个硕大的紫红色绒球，它身上所佩带的利器，与西班牙刺相比，毫不逊色。也别忘了，还有刺茎菊科类植物。首先必须提到的是恶蓟，浑身带刺，致使采集者无从下手；第二种是披针蓟，阔叶，叶脉顶端是梭镖状硬尖；最后是越长颜色越黑的染黑蓟，这种植物集缩成一个团，状如插满针刺的玫瑰花结。这些蓟类植物之间的空地上，爬着荆棘的新枝丫，结着淡蓝色的果实，枝条长长的，像是长着刺的绳条。如果想要在这杂乱丛生的荆棘中观察膜翅目昆虫采蜜，就得穿上半高筒长靴，否则腿肚子就会被划得满是条条血丝，又痒又疼。当土壤尚留下春雨所能给予的水分，墒情尚可时，角锥般的刺和大翅蓟细长的新枝丫便会从由两至生矢车菊的黄色头状花序铺就的整块的地毯上生长出来。这时候，在这荒凉贫瘠的艰苦环境下，这种极具顽强生命力的荆棘必定会展现出它们的某些娇媚来的。四下里矗立着一座座的狼牙棒似的金字塔，伊利里亚矢车菊投出它那横七竖八的标枪来。但是，等到干旱的夏日来临时，这儿呈现的是一片枯枝败叶，划根火柴，就会点着整块的土地。这就是我意欲从此永远与我的昆虫们亲密无间地生活的美丽迷人的伊甸园，或者，更确切地说，我一开始拥有这片园子时，它就是这么一座荒石园。我经过了四十年的艰苦努力，顽强奋斗，最终才获得了这块宝地。

我称它为美丽迷人的伊甸园，看来我这么说还是恰如其分的。这块没人看得上眼的荒地，可能没一个人会往上面撒一把萝卜籽的，但是，对于膜翅目昆虫来说，它可是个天堂。荒地上那茁壮成长的刺蓟类植物和矢车菊，把周围的膜翅目昆虫全都吸引了来。我以前在野外捕捉昆虫时，从未遇到过任何一个地方，像这个荒石园那样，聚集着如此之多的昆虫，可以说，各行各业的所有的膜翅目昆虫全都聚集到这里来了。它们当中，有专以捕食活物为生的"捕猎者"，有以湿土"造房筑窝者"，有梳理绒絮的"整理工"，有在花叶和花蕾中修剪材料备用的"备料工"，有以碎纸片建造纸板屋的

“建筑师”，有搅拌泥土的“泥瓦工”，有为木头钻眼的“木工”，有在地下挖掘坑道的“矿工”，有加工羊肠薄膜的“技工”，还有不少干什么什么的，我也记不清了。这是个干什么的呀？它是一只黄斑蜂。它在两至生矢车菊那蛛网般的茎上刮来刮去，刮出一个小绒球来，然后，它便得意扬扬地把这个小绒球衔在大颚间，弄到地下，制造一个棉絮袋子来装它的蛋和卵。那些你争我斗、互不相让的家伙是干什么的呀？那是一些切叶蜂，腹部下方有一个花粉刷，刷子颜色各异，有的呈黑色，有的呈白色，有的则是火红火红的颜色。它们还要飞离蓟类植物丛，跑到附近的灌木丛中，从灌木的叶子上剪下一些椭圆形的小叶片，把它们组装成容器，来装它们的收获物——花粉。你再看，那些一身黑绒衣服的，都是干什么的呀？它们是石泥蜂，专门加工水泥和卵石的。我们可以在荒石园中的石头上，很容易地看到它们所建造起来的房屋。还有那些突然飞起，左冲右突，大声嗡鸣的，是干什么的呀？它们是砂泥蜂，它们把自己的家安在破旧墙壁和附近向阳物体的斜面上。

现在，我们看到的是壁蜂。有的在蜗牛空壳的螺旋壁上建造自己的窝；有的在忙着啄一段荆条，吸去其汁液，以便为自己的幼虫做成一个圆柱形的房屋，而且，房屋中用隔板隔开，隔成一层一层的，俨然一幢楼房；有的还在设法将一个折断了的芦苇那天然通道派上用场；还有的，干脆就乐享其成地免费使用高墙石蜂空闲着的走廊。让我们再来看看：那是大头蜂和长须蜂，其雄蜂都长着高高翘起的长触角；那是毛斑蜂，它的后爪上长着一个粗大的毛钳，是它的采蜜器官；那些是种类繁多的土蜂；此外，还有一些隧蜂，腰腹纤细。我就先这么简要地提上一句，不一一赘述，否则我得把采花蜜的昆虫全都记录下来了。我曾经把我新发现的昆虫呈送给波尔多①的昆虫学家佩雷教授，他问我是否有什么特别的捕捉方法，怎么会捕捉到这么多既稀罕鲜见而又全新的昆虫品种？我并不是什么捕捉昆虫的专家学者，更不是一心一意地在寻找昆虫、捕捉昆虫、制作标本的专家学者，我只是对研究昆虫的生活习性颇感兴趣的昆虫学爱好者。我所有的昆虫全都是我在长着茂密的蓟类植物和矢车菊的草地上捉到的，也是我喂养着它们。真是天缘巧合，与这个采集花蜜的大家庭在一起的还有一群群的捕食采蜜者的猎食者。泥瓦匠们在我的荒石园中垒造园子围墙时，遗留下来不少的沙子和石头，这儿那儿地随意堆放着。由于工程进展缓慢，拖了又拖，一开始就运到荒石园来的这些建筑材料便这么遗弃着。渐渐地，石蜂们选中石头之间的空隙投宿过夜，一堆一堆地挤在一起。粗壮的斑纹蜂遇到袭击时，会向你迎面扑来，不管侵袭者是人还是狗，它们往往选择洞穴较

① 波尔多：法国西南部的一个中心城市。

深的地方过夜，以防金龟子的侵袭。白袍黑翅的脊令鸟，宛如身着多明我会①服装的修士，栖息在最高的石头上，唱着它那并不动听的小曲短调。离它所栖息的石头不远，必定有它的窝巢，大概就在某个石头堆中，窝巢内藏着它的那些天蓝色的小蛋蛋。不一会儿，这位“多明我会修士”便不见了踪影，消失在石头堆中了。我对这个脊令鸟却是颇有点怀念，而对于那长耳斑纹蜂，我却并不因它的消失而感到遗憾。

沙堆却是另一类昆虫的幽居之所。泥蜂在那儿清扫门庭，用后腿把细沙往后蹬踢，形成一个抛物形；朗格多克飞蝗泥蜂用触角把无翅螽斯咬住，拖入洞中；大唇泥蜂正在把它的储备食物——叶蝉藏入窖中。让我心疼不已的是，泥瓦匠终于把那儿的猎手们全都给撵走了，不过，一旦有这么一天，我想让它们回来的话，我只需再堆起一些沙堆来，它们很快也就归

① 多明我会：又称布道兄弟会，俗称黑衣兄弟会，是天主教四大托钵修会之一。

来了。

居无定所的各种砂泥蜂倒是没有消失。我在春季里可看见某些品种的砂泥蜂，在秋季里又可看见另一些品种的砂泥蜂，飞到荒石园的小径草地上，跳来飞去，寻找毛虫。各种蛛蜂也留在了园中，它们正拍打着翅膀，警惕地飞行着，朝着隐蔽的角落，去捕捉蜘蛛。个头儿大的蛛蜂则窥伺着狼蛛①，而狼蛛的洞穴在荒石园中则有的是。这种蜘蛛的洞穴呈竖井状，井口由禾本植物的茎秆中间夹着蛛丝做成的护栏保护着。往洞穴底部看去，大多数的狼蛛个头儿很大，眼睛闪烁发亮，让人看了直起鸡皮疙瘩。对于蛛蜂来说，捕捉这种猎物可是非同小可的事啊！好吧，让我们观观战吧。

在这盛夏午后的酷热之中，蚂蚁大队爬出了“兵营”，排成一个长蛇阵，到远处去捕捉奴隶。让我们不妨忙里偷闲，随着这蚂蚁大军前行，看看它们是如何围捕猎物的吧。那儿，

① 狼蛛：又称纳博讷蛛。纳博讷是法国南部海岸一城市名。

在一堆已经变成了腐殖质的杂草周围，只见一群长约一点五法寸①的土蜂正没精打采、懒洋洋地飞动着，它们被金龟子、蛀犀金龟子和金匠花金龟子的幼虫吸引住了，那可是它们的丰盛的美餐啊，所以便一头钻进那堆杂草中去了。

值得观察研究的对象简直是太多太多了，而且光是这里，也只是提到了一部分而已！这座荒石园，人去楼空，房屋闲置，遗弃，地也撂荒了。没有人住的这座荒石园，成了动物的天堂，没有人会伤害它们了，它们也就占据了这儿的角角落落。黄莺在丁香树丛中筑巢搭窝；翠鸟在柏树那繁茂的枝叶间落户安家；麻雀把碎皮头和稻草麦秆衔到屋瓦下；南方的金丝雀在它们那建在梧桐树梢的没有半个黄杏大的小安乐窝里鸣叫；红角鸮习惯了这儿的环境，晚间飞来唱它那单调歌曲，声似笛音；被人称之为雅典娜鸟的猫头鹰也飞临此地，发出它那刺耳的咕咕声响。这座废弃的房屋前有一个大池

① 法寸：法国长度单位，一法寸约为 27.07 毫米。

塘。向村子里输送泉水的渡槽，顺带着也把清清的流水送到这个大池塘中。动物发情的季节，两栖动物便从方圆一公里处往池塘边爬来。灯芯草蟾蜍——有的个头儿大如盘子——背上披着窄小细长的黄绶带，在池塘里幽会、沐浴；日暮黄昏时，“助产士”雄蟾蜍的后腿上挂着一串似胡椒粒似的雌蟾蜍的卵；这位宽厚温情的父亲，带着它的珍贵的卵袋从远方蹦跳而来，要把这卵袋没入池塘中，然后再躲到一块石板下面，发出铃铛般的声响。成群的雨蛙躲在树丛间，不想在此时此刻哇哇乱叫，而是以优美动人的姿势在跳水嬉戏。五月里，夜幕降临之后，这个大池塘就变成了一个大乐池，各种鸣声交织，震耳欲聋，以致你若是在吃饭，就甭想在饭桌上交谈，即使躺在床上，也难以成眠。为了让园内保持安静，必须采取严厉的措施。不然又怎么办？想睡而又被吵得无法入睡的人，当然心就会变硬的。

膜翅目昆虫简直无法无天，竟然把我的隐居之所也给侵占了。白边飞蝗泥蜂在我屋门槛前的瓦砾堆里做窝；为了踏进家门，我不得不加倍小心，否则，一不留神，就会把它的窝给踩坏，正在忙活的“矿工们”将会遭灭顶之灾。我已经有整整二十五年没有看到过这种捕捉蝗虫的高手了。记得我第一次看见它时，是我走了好几里地去寻找的；其后，每次去寻访它时，都是顶着那八月的火热的骄阳前去的，忍受着那艰难的长途跋涉。可是，今天，我却在自家门前见到了它们，它们竟然成了我的好芳邻了。关闭的窗户框为长腹蜂提供了温度适宜的套房；它那泥筑的蜂巢，建在了规整石材砌成的内墙壁上；这些捕食蜘蛛的好猎手归来时，穿过窗框上本来就有的一个现成的小洞孔，钻入房内。百叶窗的线脚上，几只孤身的石蜂建起了它们的蜂房群落；略微开启着的防风窗板内侧，一只黑胡蜂为自己建造了一个小土圆顶，圆顶上面有一个大口短细颈脖。胡蜂和马蜂经常光顾我家；它们飞到饭桌上，尝尝桌上放着的葡萄是否熟透了。

这儿的昆虫确实是又多又全，而我所见到

的只不过是一小部分。如果我能与它们交谈的话，那么，我就会忘掉孤苦寂寥，情趣盎然。这些昆虫，有些是我的新朋有的则是我的旧友，它们全都在我这里，挤在这方小天地之中，忙着捕食，采蜜，筑窝搭巢。另外，若是想要改变一下观察环境，这也不难，因为几百步开外便是一座山，山上满是野草莓丛、岩蔷薇丛、欧石南树丛；山上有泥蜂们所偏爱的沙质土层，有各种膜翅目昆虫喜欢开发利用的泥灰质坡面。我正是因为早已认准了这块风水宝地，这笔宝贵财富，才逃避开城市，躲到这乡间里来的，来到塞里尼昂①这儿，给萝卜地锄草，给莴苣地浇水。人们花费大量资金，在大西洋沿岸和地中海边建起许许多多的实验室，以便解剖对我们来说并无多大意义的海洋中的小动物；人们耗费大量钱财，购置显微镜、精密的解剖器械、捕捞设备、船只，雇用捕捞人员，建造水族馆，为的是了解某些环节运动的卵黄是如何

① 塞里尼昂：法国埃罗省的一个小镇。

分裂的。我直到如今都没弄明白，这些人搞这些有什么用处？为什么他们偏偏就对陆地上的小昆虫瞧不上眼、不屑一顾？这些小昆虫可是与我们息息相关的，它们向普通生理学提供着难能可贵的资料。它们中有一些在疯狂地吞食我们的农作物，肆无忌惮地在破坏着公共利益。我们迫切地需要一座昆虫学实验室，一座不是研究三六酒①里的死昆虫，而是研究活蹦乱跳的活昆虫的实验室，一座以研究这个小小的昆虫世界的动物之本能、习性、生活方式、劳作、争斗和生息繁衍为目的的昆虫实验室，而我们的农业和哲学又必须对之予以高度的重视。彻底掌握对我的葡萄树进行吞食、蹂躏的那些昆虫，可能要比了解一种蔓足纲动物的某一根神经末梢结尾是个什么状态更加重要。通过实验来划分清楚智力与本能的界线，通过比较动物系列的各种事实，以揭示人的理性是不是一种可以改变的特性等等，这一切，应该比了解一

① 三六酒：旧时一种 85 度以上的烧酒，取三份烧酒，兑三份水，即成六份普通烧酒。

个甲壳动物的触须有多少要重要得多。为了解决这些大的问题，必须动用大批的工作人员，可是，就目前来说，我只是孤军一人在奋战。当下，人们的注意力放在了软体动物和植虫动物的身上了。人们花费大量的资金购置许许多多的拖网去探索海底世界，可是，对自己脚下的土地却漠然处之，不甚了了。我在等待着人们改变态度的同时，开辟了我的荒石园这座昆虫实验室，而这座实验室却用不着花纳税人的一分钱。

毛刺砂泥蜂

五月里的某一天，我在巡视我那荒石园实验室，想看看能否获得新的发现。法维埃正在不远处的菜地上干活。法维埃是何许人也？大家马上就会知晓的，因为他将在下面的故事中出现。

法维埃行伍出身。他曾经在非洲荒原的角豆树下搭建自己的茅草屋，在君士坦丁堡捕捞过海胆，在没有军事行动时，他还在克里木捕捉过椋鸟。他经历十分丰富，见多识广。冬季里，不到下午四点，地里的活儿便收工了。冬季的漫漫长夜，无所事事，绿橡树圆木在厨房间的炉子里烧得正旺，火光熊熊，他把耙子、叉子、双轮小车收拾停当之后，便坐在炉边的高大的石头上，掏出烟斗，用大拇指沾上点口水，技术娴熟地往烟斗里塞满、压实烟丝，美滋滋地吞云吐雾开来。其实，他得把烟闷在肚里，久久地不吐出来，他几个小时之前烟瘾便上来了，只是舍不得抽，因为烟草价格昂贵，憋到现在才抽上一口。

大家便在这个时候，围着炉火闲扯瞎聊。法维埃兴致颇高，海阔天空，纵横捭阖。因为他的故事精彩动听，所以他就像是古代的说书人似的，被安排坐在最佳的位置上，成了中心人物。只不过我们的这位说书人是在兵营里练就的说书本领的。这倒无伤大雅，反正一家老小，无论大人孩子，都在聚精会神地听他讲述。即使他说的故事纯属杜撰编造的，却总是编得合情合理，顺理成章。所以，当他干完活儿后，如果不在炉边歇上一会儿的话，我们大家全都感到有一种说不出的惆怅。他到底跟我们讲了些什么，让我们这么如痴如醉、倾心入迷？他给我们讲述了他亲身经历的一场推翻一个专制帝国的政变中的所见所闻。他说道，他们先是把烧酒分喝光了，然后便向人群开枪射击。他信誓旦旦地对我说，他自己则只是对着墙开枪的。我对他的话十分相信，因为我感到，他是纯属无奈而参加了这场疯狂大屠杀的，而他一直在痛悔自己的这一经历，感到十分地悲哀、羞耻。

他还向我们讲述了他在塞巴斯托波尔①城外战壕中的不眠之夜。他讲述道，他曾在冰天雪地的黑夜里，孤立无援地蜷缩在雪堆旁，眼看着被他称之为“花瓶”的玩意儿落在了他的近旁，他惊恐万状，不能自已。那只“花瓶”在燃烧，在喷射，在发光，把周围照得如同白昼。那些可恶而吓人的东西随时随地地在爆炸，令人胆战心惊、毛骨悚然。他的战友们死去了，而他却侥幸地活下来。“花瓶”熄灭了。那所谓的“花瓶”，其实就是照明弹，在黑暗中发射，用以侦察围城敌军的动静与活动情况。

---

① 塞巴斯托波尔：乌克兰黑海边的一座城市，在克里木西南边，系一重要海港和军火库。

在讲述了残酷激烈的战斗故事之后，法维埃又给我们讲了不少的兵营中的趣闻乐事。他告诉我们军队里是如何烧菜做饭的，士兵们的饭盒里都藏了些什么秘密，以及土堡里的一些可笑可乐的琐碎事情。他肚子里真的是装着说不完的故事，而且讲述起来又眉飞色舞，生动活泼，引人入胜，不知不觉地便到了吃晚饭的时间了。

法维埃还有一手令我叹服。我的一位朋友从马赛给我捎来两只大螃蟹，那是一种被渔民们称之为“海上蜘蛛”的蜘蛛蟹。当工人们——忙于修缮破房屋的油漆工、泥瓦匠、粉刷工等——吃完晚饭回来时，我便把捆绑着那

两只大螃蟹的绳子给解开来了。工人们一看，吓得直往后缩。这两只怪模怪样的动物，从甲壳四周呈辐射状地伸出它们的螯针，而且竖立在细长的腿上爪上，状如蜘蛛，看着瘆人。可法维埃却根本不把它们当一回事，只见他手这么一伸，便一把按住了那个可怕的“横行霸道”的“蜘蛛”，然后说道：“我知道这家伙，我在瓦尔拉吃过，味道鲜美极了。”他边说，边用嘲讽的目光看着他周围的人，那意思像是在说：“你们这帮人啊，简直是孤陋寡闻，从来就没有走出自己的窝。”

最后，再举一个他见多识广的例子。他的一位芳邻遵照医生的嘱咐，前往塞特去泡海水浴，归来时，带回来一个稀罕的东西，像是一个奇异的果实，她觉得这个果实种上后，一定会有收获的。拿起这个果实放在耳边摇动，可以听见响声，说明壳内有种子。这个果实呈圆形，壳上多刺，一端像是一朵小白花的未曾开放的花蕾，另一端则略有些凹陷，上面有几个洞孔。这位女邻居便跑到法维埃那儿去，把自己如获至宝的东西拿出来给他看，并让他转告于我。后来她把这果实给了我，并说将来必定会长出非常漂亮的小灌木的，可以为我的花园增添一景。她指着这个果实的两端对法维埃说：“这儿是花，这儿是尾巴。”

法维埃听她这么一说，不禁放声大笑起来，随即便告诉她说：“这是一只海胆，我在君士坦丁堡吃过。”然后，他便详尽地解释给她听，海胆是什么，是怎么回事。女邻居始终未能听明白他说的是些什么，仍抱着那是“果实”的顽固看法。而且，她心里还在想，法维埃一定是因为这么宝贵的种子不是由他，而是由别人送给了我，因而心生嫉妒，才编出这么一套说法来欺骗她的。他俩因无法说服对方，便跑到我家里来。那位热心肠的女邻居对我又说了一遍：“这儿是花，这儿是尾巴。”我看了之后，便跟她解释道，她所说的那“花”，其实是海胆的五颗聚在一起的白牙齿，而那“尾巴”则是跟海胆的嘴相对应的部位。她仍旧心存疑惑地走了。也许她的那些“种子”，那些在空壳中摇动起来发出响声的沙粒，现在正放在一个破旧的土瓮里“发芽”哩。

从这一点，我们不难看出，法维埃确实了解不少的东西，而且他是因为亲口吃过尝过才认识的。他知道獾的里脊肉非常好吃；他知道狐狸的后臀尖肉很香；他了解荆棘鳗鱼——游蛇的哪个部位的肉最佳；他曾把臭名昭著的“南方玻璃珠”——单眼蜥蜴用油煎炸而食；他曾经考虑用油来炸蚱蜢，做成一道美味。他跑遍了全世界，这种生活让他长足了见识，能够做出一般人想象不出来的菜肴来，让我看了真的是惊叹不已，自叹弗如。

我对他的仔细观察的鉴别力以及对事物的记忆力也十分地钦佩。不管我告诉他一种什么植物，只要我仔细地向他描述清楚，哪怕是一种毫不起眼的小花杂草，只要我们周围的树林里有这种植物的话，他都能替我找回来，并且告诉我是在什么地方、什么方位寻找到的。再细小难辨的植物，他都能分辨得一清二楚。为了对我已发表的关于沃克吕兹的球菌的文章加以增添补充，在气候恶劣的季节里，昆虫们都躲起来了，我不得不拿起放大镜，采集植物标本。这时候，由于严寒使得土地变得又实又硬，或者由于大雨使得地上满是泥浆，法维埃便无法侍弄园子，我就带着他一起跑到树林里去，在荆棘丛生的杂草堆中寻找我所需要的那些又细又小的植物。球菌的一个个小黑点，使得遍地蔓生的荆棘枝枝杈杈长满了黑色斑点。我把那些最大的黑斑点称之为“黑色火药”。这些球菌中的某一种正是被植物学家们冠之以这一名称的。法维埃在寻找过程中，比我发现的要多，他对此感到颇为自豪。

在采集过程中，总会引来一些不识相的瞧热闹的人，而法维埃则很善于把他们打发开去。这些人都是附近的农民，出于好奇，总爱提一些像小孩子们提的问题，而且，他们的好奇中还掺杂着鄙夷和嘲讽，凡是他们不懂的东西，他们都得嘲笑几句。有什么能比一位绅士模样的人在研究捕捉来放在玻璃瓶中的一只苍蝇，或者翻来覆去地琢磨一块捡到的烂木头，更让他们觉得滑稽可笑的呢？然而，法维埃只要一句话，就能噎住他们的那些并非善意的探询。

我们弓着身弯着腰，一步一步地前行，寻找着史前时期的遗留物，什么蛇形斧啦，黑陶器碎片、燧石制箭镞和矛头啦，碎片、刮削器、燧石块啦，等等。这些东西在山的南坡多得很。一个农民见状，突然问道："您的主人要这些破玩意儿干什么呀？"法维埃便立即顶他一句："给配门窗玻璃的人做填料。"

我收集了一把兔子粪，在放大镜下一看，可以见到粪上有一种隐花植物，值得带回去加以研究。正在这时候，又来了一个好奇而饶舌的乡下人，他见我这么小心仔细地把发现的"宝物"装进一只纸袋里去，心想，那一定是很值钱的东西，定能卖个好价钱。在乡下人的眼里，一切之一切，最终都归之为一个"钱"字。在他们看来，我一定是靠着这些兔子粪发了大财。于是，他便狡猾诡谲地向法维埃打听：

“您的主人弄这些 pétourle[①] 干什么呀?”法维埃便一本正经地回答他说:“他要蒸馏这些兔子粪,好取粪汁。”那个好奇者被这个回答弄得莫名其妙,悻悻地走开了。

我们先打住吧,就别在这位脑子灵活、巧于应对、喜欢打趣的军人身上花费太多的笔墨了。我们还是回到我那荒石园昆虫实验室里引起我关注的东西上来。几只砂泥蜂用脚在扒拉着,搜寻着,不一会儿又向前飞上一小段路,时而落在有草的地方,时而又飞到寸草不生之处。时已五月中旬。一天,风和日丽,我看见那几只砂泥蜂落在满地尘土的小路上,懒洋洋地沐浴在温暖的阳光中。它们全都是毛刺砂泥蜂。我曾经叙述过这种砂泥蜂是如何冬眠的,以及春天到来时,当其他的猎食膜翅目昆虫仍旧躲在它们的茧里的时候,它们就已经开始飞来飞去地寻觅食物了。我还描述了它们是如何肢解毛虫,以便利于自己的幼虫嚼食。我还叙

---

① 当地土语,意为“兔粪”。

述了它们把自己的螫针多次地刺到毛虫的神经中枢里去。我还是头一回看到这种如此精巧的“活体解剖”，而且也就看过一次，所以我希望有机会能再亲眼见识一下这种外科手术。那头一次的观察，十分地浮皮潦草，很不仔细，因为上次我有事在身，长途奔波，人很疲惫，很可能有很多的细节被我忽略掉了。而且，就算我真的全都看得一清二楚，我也很有必要再仔细地观察一番，使自己的观察结果更加臻于完善、真实可靠、无可置疑。我还要补充一句，即使我看过这种场面上百次，我想再看一看，读者们也不会觉得我多此一举，令人生厌的。

因此，当毛刺砂泥蜂一出现，我便开始跟踪监视；而现在，它们既然来到了我的家门前，离大门只有几步路的地方，我只要稍微留意一点，

就一定能够找到它们的。三月末和四月份已经过去了，我一直留心观察着，却一无所获，这也许是尚未到毛刺砂泥蜂筑巢做窝的时间，或者，更可能是我观察监视的方法欠妥。直到五月十七日，我终于有了幸运之机了。

只见几只砂泥蜂突然出现在我的眼前，它们飞来飞去，十分地忙碌。我们就先来观察其中那只最最活跃的砂泥蜂吧。我是在被踩得结结实实的小径的土里发现它们的，我当时正在对砂泥蜂耙最后的那几耙。这时候，这些捕食者把已经被它们麻醉了的毛虫暂时地弃置在离它们的窝几米远处，尚未把自己的猎获物弄进窝里去。当砂泥蜂确定洞穴很合适，洞口较宽，足以把一个体积庞大的猎物弄进洞中去时，它便飞过去寻找刚被自己麻醉了的那个猎物。那条被麻醉了的毛虫僵直地躺在那儿。身上爬满了蚂蚁。捕食者砂泥蜂对这条爬满了蚂蚁的毛虫已不感兴趣。许多捕食性膜翅目昆虫总是先把猎获物弃置在一边，以便先把自己的窝巢加以完善，或者是刚刚开始做窝，一时顾不上被自己麻醉了的猎物。不过，通常，它们总是把自己的猎获物置于高处，放在草丛中，免得遭受其他的昆虫的侵扰或掠夺。砂泥蜂是精于此道的，但这一次，不知是疏忽大意、掉以轻心了呢，还是因为这个猎物太大太重，搬运时掉落下去，反正，猎物已经成了群蚁争抢的美味了。即使想要把这帮强徒赶跑，那也是不可能的，因为你赶跑了一只，马上又有十来只攻了上来。砂泥蜂大概正是这么考虑的，因为它看到自己的猎物被蚂蚁侵占了之后，并没有上前去驱赶，而是飞到别处再寻猎物去了。

砂泥蜂寻找猎物都是在自己的窝巢周围十来米范围内进行的。它用脚在土里一点一点地、不紧不慢地探查着，再用弯成弓状的触角不停地拍击着土地。无论是光秃秃的地，满是碎石的地，还是杂草丛生的地，它都要仔细地搜索个遍。烈日当空，天气闷热，预示第二天将要下雨，甚至当晚就会有雨落下。而我却在这样的闷热天气里，眼睛始终盯着寻找猎物的砂泥蜂，足足盯了有三个钟头。可见，对于极需觅食的这只膜翅目昆虫来说，要寻找到一只灰毛虫该有多么困难啊。

即使对于我这么个大活人来说，要找到一只毛虫也同样是颇费周折的。读者们知道，我曾经采取了什么办法去观察一只捕食的膜翅目昆虫的，也知道膜翅目昆虫为了给自己的幼虫提供一块动弹不了却并未死的活物，是如何对它的猎物进行外科手术的：我把那膜翅目昆虫的猎物拿走，偷梁换柱，给了它一块一模一样的活肉。为了观察砂泥蜂，我仍旧如法炮制，为了让它重复它的那种外科手术，必须尽快找到几只灰毛虫，让它见到之后，用自己的螫针去麻醉它。

这时候，法维埃正在园子里忙碌着，我便冲他喊道："快点来，法维埃，我需要几只灰毛虫。"我已经给他介绍过这种虫子，而且，近一段时间以来，他对这种"外科手术"已经有所了解了。我便告诉他我的砂泥蜂以及它们需要觅食灰毛虫的情况。他基本上算是较为了解我所关心的昆虫的生活习性。他对我的要求十分理解。于是，他便开始寻找开来。他在莴苣叶下翻找，在鸢尾旁边查看。我对他的眼尖手快是深有体会的，我相信他一定能够替我找到的。可是，时间一分一秒地过去了，始终未听到他报捷的佳音。“怎么样，法维埃，有灰毛虫吗?”“我还没有发现，先生。”“唉！那么就让克莱尔、阿格拉艾和其他的人，全都齐上阵，分头去找，非要找到不可!”全家人全都聚在了一起，人人都像是准备奔赴战场似的，严阵以待，积极地行动起来。我本人则是坚守在岗位上，一直盯着那只砂泥蜂捕食者。我一只眼睛在盯着它，而另一只眼睛也没忘记在寻找灰毛虫。但是，天不遂我愿，三个小时都过去了，仍旧是一无所获，谁都未能发现灰毛虫。

砂泥蜂也没能挖到灰毛虫。只见它仍在毫不懈怠地在一些有裂隙的地方寻找着。砂泥蜂继续在清扫地面。它已经是精疲力竭，气力全无。它把一块杏核般大小的土给刨了开来，但它很快便把这地方给撇下了。我顿有所悟，不禁猜想：虽然我们几个大活人没能找到一只灰毛虫，但这并不能说砂泥蜂也同我们四五个人一样地又蠢又笨。人办不到的事，昆虫有时却是能大功告成的。昆虫具有极其敏锐的感觉，它们是不会连续几个小时，迷失方向，瞎找一通的。也许是毛虫们预感到大雨将至，全都躲到更深的洞穴中去了。砂泥蜂一定知道毛虫躲在哪儿，只不过它无法从很深的地方把毛虫给挖出来。如果它在一处地方刨挖了几次之后，把这地方放弃了，那并不说明它缺乏敏锐的洞察力，而是它没有能力往深处挖下去。凡是砂泥蜂挖过的地方，都可能有一条灰毛虫存在；而它之所以放弃了这个地方，那只是它不得不承认自己力量有限，无法完成这项挖掘工程。我真是愚不可及，竟然未能早一点悟出这番道理来。像砂泥蜂这样的猎食灰毛虫的高手，会在没有灰毛虫的地方浪费气力，乱挖一气吗？绝对不会的！

于是，我便决定去帮它一把。此时此刻，砂泥蜂正在一处翻耕过的光秃秃的土地上搜寻着。它最终又像在其他地方那样，把这个地方也给放弃了。我便握住一把刀，往它挖过的地方继续向下挖去。我同样是一无所获，不得不放弃，走了开去。这时候，砂泥蜂却飞了回来，在我清查过的地方又刮又耙开来。我觉得这个膜翅目昆虫像是在对我说道：“你滚一边去吧，你这蠢笨的人，让我来指给你看灰毛虫藏在什么地方吧。”我按照它指示的地方，用刀又挖了起来，终于挖出来一条灰毛虫。啊！我没猜错，你是不会在没有灰毛虫的地方无端地去又挖又耙的！

从这时起，我便采取了“狗鼻子捕猎法”：狗嗅出猎物的藏身地，人就去那儿找，一定能找到猎物的。因此，我就按照砂泥蜂所指示的地点，把洞穴深处的猎物挖出来。就这样，我获得了第二只，然后，又弄到了第三只、第四只，而且全都是在数日前用铁锨翻动过的光秃秃的地方挖到的。从外表上看，地面无任何迹象表明地下藏有灰毛虫。法维埃、克莱尔、阿格拉艾，还有其他人，你们觉得怎么样？你们服不服气呀？你们花了三个小时连一只灰毛虫也没见着，可我，想到助砂泥蜂一臂之力，竟然，要多少只，它就会帮我指点出多少只来。

现在，我已经拥有充足的替代品了，但我还想让砂泥蜂帮我找到第五只。下面，我将分段、按照编号顺序来叙述我眼前所发生的这出精彩的戏剧的各个场次。我是在最有利的条件下进行观察研究的。我趴在地上，与砂泥蜂离得很近，所以任何一点细节都未能逃过我的眼睛。

(1) 砂泥蜂用它那大颚上的弯钩钳子抓住毛虫的脖颈。那毛虫在拼命地挣扎，臀部扭曲着，扭过来转过去。膜翅目昆虫无动于衷，不予理会，紧守在猎物身旁，谨慎小心，不让对方碰着自己。它用螯针刺入猎物位于腹部中线的皮肤最细嫩处——把头部第一个环节分开来的那个关节中。螯针在那关节中停留了片刻。不用说，毛虫的致命部分就在那儿，砂泥蜂完全可以制服毛虫了，使之听任它的摆布。

(2) 接着，砂泥蜂放开猎物，匍匐在地，侧身转动，肢体明显地在抽搐着，翅膀在颤抖着。

我十分地担心，以为捕食者砂泥蜂在搏斗中受到了致命的攻击，就这么英勇地牺牲了，以致我期盼了那么长时间想要进行的一次实验就这么功败垂成了。但是，不一会儿，砂泥蜂便平静了下来，抖抖翅膀，弯弯触角，又敏捷地奔向那被麻醉了的毛虫。我一开始所认为的它那预示死亡将至的痉挛，实际上只不过是它捕猎成功的欣喜若狂的举动。膜翅目昆虫这是在以自己那独特的方式庆贺扑杀敌人的成功。

(3) 外科手术施行者砂泥蜂咬住猎物背部的皮层，然后，把螫针刺入比第一针稍低一点的第二个环节，仍旧是腹部的那一面。只见它在灰毛虫身上逐渐地往后退着，每次都咬住毛虫背部稍低一点的位置。它的大颚上的弯把儿阔钳子咬住猎物，然后，再把螫针刺入猎物腹部的下一个环节。它的动作有板有眼，有条不紊，十分精确，先后退，再咬住猎物背部稍低点的地方，像是用尺子量过似的那么准确无误。它每后退一步，螫针就刺入毛虫的下一个环节，就这样，逐一地把毛虫真腿上的那三个胸部环节、后面的两个无足的环节以及假腿上的四个环节，全都刺了一遍，一共刺了九针。

不过，毛虫身上的那最后的四个节段，砂泥蜂并没有刺。那四个节段上有三个无足环节和最后一个带假腿的环节，或者说第十三环节。施行外科手术者在手术过程中没有遇到什么大的麻烦，比较顺利，因为毛虫被刺了第一针之后，就已经麻木了，丧失了任何的反抗能力。

（4）最后，砂泥蜂把自己大颚上的那只锐利无比的钳子完全张开，夹住毛虫的脑袋，谨慎小心地咬住它，压它，但又不把它给压伤。它一下接一下地，不慌不忙，慢条斯理地压挤猎物，仿佛是想要了解每一次的压挤所产生的后果似的。它停下来，等了一下，然后再进行压挤。为了达到它所预期的目的，对毛虫头部的操作要慎之又慎，要掌握好分寸，操作不能过度，否则便会把毛虫弄死。毛虫一死，尸体很快就会腐烂的。因此，捕食者砂泥蜂使用大颚上的那把锐利的钳子时，用力很有节制，而大钳压挤的次数较多，大约二十来下。

砂泥蜂的外科手术做完了。灰毛虫侧着身子，呈半蜷缩状地躺在地上，一动不动，没有一点生气了。它的捕食者正在挖洞造屋，将把它运进窝巢中去，对此，它无可奈何，无一丝一毫的反抗或挣扎的能力，它也根本不可能再对将以它为食的砂泥蜂的幼虫造成任何的伤害。胜券在握的捕食者把灰毛虫撇在它对它动过手术的地方，自己回到窝里去了。我的眼睛一直在紧盯着它。它在对自己的窝巢进行修缮，以便储存食物。它那窝巢的拱顶上有一块卵石凸了出来，有碍它把那庞大的猎物运进其地下食物储存室，于是，它便想方设法地把那块卵石给弄下来。它在拼命地工作着，翅膀摩擦，发出吱吱嘎嘎的声响。窝巢中，卧室不够宽敞，它又在努力地把它加宽加大。它在继续努力地劳动着，我因为害怕漏掉这膜翅目昆虫劳作中的一点一滴，所以没有去照看那只毛虫。不一会儿，蚂蚁们便蜂拥而至。当砂泥蜂（还有我）回到毛虫那儿的时候，只见毛虫身上黑乎乎的一片，爬满了这些撕咬扯拉的掠食者。对我而言，此情此景，让人好不遗憾，而对于砂泥蜂来说，真让它叫苦不迭，恼火不已，因为这种倒霉的事已经发生过两次了，到嘴的食物竟变成了他人的美味佳肴了。

砂泥蜂看上去非常沮丧，泄气。我便立即用一只备用的毛虫来替换，但没能奏效，砂泥蜂对这只备用毛虫连看都不看一眼。随后，夜幕降临，天阴沉沉的，还下了几滴雨。在这种情况下，再观察砂泥蜂的捕猎活动已经是不可能的了，整个实验只好宣告结束。我真的很遗憾，准备好的几只毛虫竟然未能派上用场。我可是从午后一点一直观察到傍晚六点的呀，整整五个钟头，眼睛都不敢多眨一眨。

隧蜂

你了解隧蜂吗？你大概是不了解的。这无伤大雅，即使不了解隧蜂，照样可以品尝人生的种种温馨甜蜜。然而，只要努力地去了解，这些不起眼的昆虫却会告诉我们许多奇闻趣事，而且，如果我们对这个纷繁的世界拓宽一点我们的知识面的话，同隧蜂打打交道并不是什么让人鄙夷不屑的事。既然我们现在有空闲的时间，那就了解了解它们吧。它们是值得我们去了解的。

怎么识别它们呢？它们是一些酿蜜工匠，体形一般较为纤细，比我们蜂箱中养的蜜蜂更加修长。它们成群地生活在一起，身材和体色又多种多样。有的比一般的胡蜂个头儿要大，有的与家养的蜜蜂大小相同，甚至还要小一些。这么多种多样，会让没经验的人束手无策，但是，有一个特征是永远不会改变的。任何隧蜂都清晰可辨地烙有本品种的印记。

你看看隧蜂肚腹背面腹尖上那最后一道腹环。如果你抓住的是一只隧蜂，那么其腹环则有一道光滑明亮的细沟。当隧蜂处于防卫状态时，细沟则忽上忽下地滑动。这条似出鞘兵器的滑动槽沟证明它就是隧蜂家族之一员，不必再去辨别它的体形、体色。在针管昆虫属中，其他任何蜂类都没有这种新颖独特的滑动槽沟。这是隧蜂的明显标记，是隧蜂家族的族徽。

四月份，工程谨慎小心地开始了，不是一些新土小包的话，外面是一点也看不出来的。外面工地上没有一点动静。工匠们极少跑到地面上来，因为它们在井下的活计十分地繁忙。有时候，这儿那儿，有这么一个小土包的顶端晃动起来，随即便顺着圆锥体的坡面滑落下去，这是一个工匠造成的，它把清理的杂物抱出来，往土包上推，但它自己并没露出地面。眼下，隧蜂只忙活这种事。

五月带着鲜花和阳光来到了。四月里挖土方的工人现在变成了采花工。我无论何时都能够看见它们待在开了天窗的小土包顶上，个个都浑身沾满黄花粉。个头儿最大的是斑纹蜂，我经常看见它们在我家花园小径上筑巢建窝。我们仔细地观察一下斑纹蜂。每当储存食物的活计干起来的时候，总会不知从何处突然来了这么一位吃白食者。它将让我们目睹强取豪夺是怎么回事。

五月里，上午十点钟左右，当储备粮食的工作正干得欢时，我每天都要去察看一番我那人口稠密的昆虫小镇。我在太阳地里，坐在一把矮椅子上，弓着腰，双臂支膝，一动不动地观察着，直到吃午饭时为止。引起我注意的是一个吃白食者，是一种叫不上名字的小飞虫，但它却是隧蜂的凶狠的暴君。

这歹徒有名字没有？我想应该是有的，但我却并不太想浪费时间去查询这种对读者来说并没多大意义的事情。花时间去弄清枯燥的昆虫分类词典上的解说，倒不如把清楚明白的叙述的事实提供给读者为好。我只需简略描绘一下这个罪犯的体貌特征就可以了。它是一种身长五毫米的双翅目昆虫，眼睛暗红，面色白净，胸廓深灰，上有五行细小黑点，黑点上长着后倾的纤毛，腹部呈浅灰色，腹下苍白，爪子系黑色。

在我所观察的隧蜂中，它的数量很多。它常常蜷缩在一个地穴附近的阳光下静候着。一旦隧蜂收获归来，爪上沾满黄色花粉，它便冲

上前去，尾随隧蜂，前后左右飞来转去，紧追不舍。最后，隧蜂突然钻入自家洞中，这双翅目食客也随即迅疾落在洞穴入口附近。它一动不动地，头冲着洞门，等待着隧蜂干完自己的活计。隧蜂终于又露面了，头和胸廓探出洞穴，在自家门前停留片刻。那吃白食者仍旧纹丝不动。它们常常是面对面，间隔不到一指宽。双方都声色不动。隧蜂没有戒备伺机偷食的食客，至少，其外表之平静让人作如是想；而食客也丝毫没有担心自己的大胆行为会受到惩罚。面对一根指头就能把它压扁的巨人，这个侏儒却仍旧岿然不动。

我本想看到双方有哪一方表现出胆怯来，却未能如愿：没有任何迹象表明隧蜂已知自己家里有遭到打劫之虞；而食客也没有流露出任何因会遭到严厉惩处的担心。打劫者与受害者双方只是互相对视了片刻而已。

巨大的宽宏大量的隧蜂只要自己愿意，就可以用其利爪把这个毁其家园的小强盗给开膛破肚了，可以用其大颚压碎它，用其螯针扎透它，但隧蜂压根儿就没这么干，却任由那个小强盗血红着眼睛盯住自己的宅门，一动不动地待在旁边。隧蜂表现出这种愚蠢的宽厚到底是为什么呢？隧蜂飞走了。小飞蝇立刻飞进洞去，像进自己家门似的大大方方。现在，它可以随意地在储藏室里挑选了，因为所有的储藏室都是敞开着的；它还趁机建造了自己的产卵室。在隧蜂归来之前，没有谁会打扰它。让爪子沾满花粉，胃囊中饱含糖汁，是件颇费时间的活计，而私闯民宅者要干坏事也必须有充裕的时间。但罪犯的计时器非常精确，能准确地计算出隧蜂在外面的时间。当隧蜂从野外返回时，小飞蝇已经逃走了。它飞落在离洞穴不远的地方，待在一个有利位置，瞅准机会再次打劫。

万一小飞蝇正在打劫时，被隧蜂突然撞见，会怎么样呢？出不了大事的。我看见一些大胆的小飞蝇跟随隧蜂钻入洞内，并待上一段时间，而隧蜂则正在调制花粉和蜜糖。当隧蜂掺兑甜面团时，小飞蝇尚无法享用，于是它便飞出洞外，在门口等待着。小飞蝇回到太阳地里，并无惧色，步履平稳，这就明显地表明它在隧蜂工作的洞穴深处并未遇到什么麻烦事。

如果小飞蝇太性急，太讨厌，围着糕点转个不停，后颈上准会挨上一巴掌，这是糕点主人会有的举动，但也就仅此而已。盗贼与被偷盗者之间没有严重的打斗。这一点，从侏儒步履平稳、安然无恙地从忙着干活儿的巨人洞穴出来的样子就可以看得出来。

当隧蜂无论满载而归或一无所获地回到自己家中时，总要迟疑片刻；它迅速地贴着地面前后左右地飞上一阵。它的这种胡乱飞行让我首先想到的是，它在试图以这种凌乱的轨迹迷惑歹徒。它这么做确实是必要的，但它似乎并没有那么高的智商。

它所担心的并非敌人，而是寻找自家宅门时的困难，因为附近小土包一个又一个，相互重叠，昆虫小镇又街小巷窄，再加上每天都有新的杂物清理出来，小镇面貌日日有变。它的犹豫不决明显可见，因为它经常摸错了门，闯到别人家中。一看到门口的细微差异，它立刻知道自己走错门了。

于是，它重又努力地开始弯来绕去地探查，有时突然飞得稍远一点。最后终于摸到自家宅穴。它喜不自胜地钻了进去，但是，不管它钻得有多快，小飞蝇还是待在其宅门附近，脸冲着其门口，等待着隧蜂飞出来后好进去偷蜜。

当屋主又出了洞门时，小飞蝇则稍稍退后一点，正好留出让对方通过的地方，仅此而已。它干吗要多挪地方呀？二者相遇是如此地相安无事，所以如果不知道一些其他情况的话，你是想不到这是窃贼与屋主间的狭路相逢。

小飞蝇对隧蜂的突然出现并没有惊慌失措，它只是稍加小心了点而已。同样，隧蜂也没在意这个打劫它的强盗，除非后者跟着它飞，纠缠于它。这时，隧蜂一个急转弯就飞远了。

吃白食者此刻也处于两难境地。隧蜂回来时甜汁在其嗉囊中，花粉沾在爪钳里，甜汁盗贼吃不着，花粉尚无定型，是粉末状的，也进不了口。再者，这一点点花粉也不够塞牙缝的。为了集腋成裘制成圆面包，隧蜂要多次外出去采集花粉。必需材料采集齐备之后，隧蜂便用大颚尖掺和搅拌，再用爪子将和好的面团制成小丸。如果小飞蝇把卵产在做小丸的材料上，经这么一番揉捏，那肯定是完蛋了。

所以，小飞蝇的卵将是产在做好的面包上面的，因为面包的制作是在地下完成的，吃白食者就必须进入隧蜂的洞宅之中。小飞蝇贼胆包天，果真钻下去了，即使隧蜂身在洞中也全然不顾。失主要么是胆小怕事，要么是愚蠢的宽容，竟然任窃贼自行其是。

小飞蝇悉心窥探、私闯民宅的目的并不是想损人利己，不劳而获；它自己就可以在花朵上找到吃的，而且并不费事，比这么去偷去抢要省劲儿得多。我在想，它跑到隧蜂洞中也就是想简单地品尝一下食物，知道一下食物的质量如何，仅此而已。它的宏大的、唯一的要事就是建立自己的家庭。它窃取财富并非为了自己，而是为了自己的后代。

我们把花粉面包挖出来看看。我们将会发现这些花粉面包经常是被糟蹋成碎末状，白白地浪费了。散落在储藏室地板上的黄色粉末里，我们会看见有两三条尖嘴蛆虫蠕动着。那是双翅目昆虫的后代。有时与蛆虫在一起的还有真正的主人——隧蜂的幼虫，却因吃不饱而孱弱不堪。蛆虫尽管不虐待隧蜂幼虫，却抢食了后者最好的食物。隧蜂幼虫可怜兮兮，食不果腹，身体每况愈下，很快便一命呜呼了。甚至还可能成为蛆虫的口中之物。

可隧蜂妈妈在孩子遭难之时在干什么呢？它随时都有空去看看自己的宝宝的，它只要探头进洞，便可清楚地知晓孩子们的惨状。圆面包糟蹋一地，蛆虫在钻来钻去，稍看一眼就全清楚是怎么回事了。那它非把窃贼子孙弄个肚破肠流不可！可是愚蠢的妈妈竟然没有想到，反而任由鸠占鹊巢者逍遥法外。

随后，隧蜂妈妈干的事还要愚蠢。成蛹期来到之后，隧蜂妈妈竟然像封堵其他各室一样把被洗劫一空的储藏室用泥盖封堵严实。这最后的壁垒对于正在变形期的隧蜂幼虫来说是绝妙的防护措施，但是当小飞蝇来过之后，你这么一堵，那可是荒唐透顶了。隧蜂妈妈对这种荒唐之举却毫不犹豫，这纯粹是本能使然，它竟然还把这个空房给贴上封条。我之所以说是空房，是因为狡猾的蛆虫吃光了食物之后，立即抽身潜逃了，仿佛预见到日后的小飞蝇会遇到一道无法逾越的屏障似的。在隧蜂妈妈封门之前，它们就已经离开了储藏室。吃白食者既卑鄙狡诈，又小心谨慎。所有的蛆虫都会放弃那些黏土小屋，因为这些小屋一旦堵上，那它们就会葬身其间的。黏土小屋的内壁有波状防水涂层，以防返潮，小飞蝇的幼虫表皮很敏感娇嫩，似乎对这种小屋备感舒适，是其理想的栖身之地，然而蛆虫却并不喜欢。它们担心一旦变成小飞蝇，却被困在其中，所以便匆匆离去，分散在升降井附近。

我挖到的小飞蝇确实都在小屋外面，从未在小屋里面见到过它们。我发现它们一个一个都挤在黏土里的一个窄小的窝儿内，那是它们还是蛆虫时移居到此后营建的。来年春天，出土期来临时，成虫只需从碎土中挤出去就能到达地面了，这一点儿也不困难。

吃白食者的这种迫不得已的搬迁还有另一个也是十分重要的原因。七月里，隧蜂要第二次生育。而双翅目的小飞蝇则只生育一次，其后代此时尚处于蛹的状态，只等来年变为成虫。采蜜的隧蜂妈妈正又开始在家乡小镇忙着采蜜；它直接利用春天建筑的竖井和小屋，这可大大地节约了时间！精心构筑的竖井房舍全都完好如初，只需稍加修缮便可交付使用。

如果生就喜欢干净的隧蜂在打扫屋子时发现一只蝇蛹，会怎么样呢？它会把这个碍事的玩意儿当作建筑废料似的给处理掉。它会把这玩意儿用大颚夹起，也许把它夹碎，搬到洞外，扔进废物堆中。蝇蛹被扔到洞外，任随风吹日晒，必死无疑。

我很钦佩蛆虫的明智的预见，不求一时之欢快，而谋未来的安然无恙。有两个危险在威胁着它：一是被堵在死牢中，即使变成飞蝇也无法飞出去；二是在隧蜂修缮宅子后清扫垃圾时把它一块儿扔到洞外，任随风吹雨打。为了逃避这双重的灾难，在屋门封堵之前，在七月里隧蜂清扫洞宅之前，它便先行逃离险境。

我们现在来看一看吃白食者后来的情况。在整个六月里，当隧蜂休闲的时候，我对我那昆虫众多的昆虫小镇进行了全面的搜索，总共有五十来个洞穴。地下发生的惨案没有一件逃过我的眼睛。我们一共四个人，用手把洞里挖出的土过筛，让土从手指缝中慢慢地筛下去。一个人检查完了，另一个人再重新检查一遍，然后第三个人、第四个人再进行两次复检。检查的结果令人心酸。我们竟然没有发现一只隧蜂的虫蛹，一只也没有。这隧蜂密集于此的街区，居民全部丧生，被双翅目昆虫取而代之。后者呈蛹状，多得无以计数，我把它们收集起来，以便观察其进化过程。

昆虫的生活季结束了，原先的蛆虫已经在蛹壳内缩小，变硬，而那些棕红色的圆筒却保持静止不动状态。它们是一些具有潜在生命力的种子。七月的似火骄阳无法把它们从沉睡中烤醒。在这个隧蜂第二代出生期的月份中，好像上帝颁发了一道休战圣谕：吃白食者停工休整，隧蜂和平地劳作。如果敌对行动接二连三，夏天同春天时一样大开杀戒，那么受害太深的隧蜂也许就要灭种了。第二代隧蜂有这么大一段休养生息期，生态的平衡也就得以保持了。

四月里，当斑纹隧蜂在围墙内的小径上飞来飞去，寻找一个理想地点挖洞建巢时，吃白食者也在忙着化蛹成虫。啊！迫害者与受迫害者的历法是多么的精确，多么的令人难以置信呀！隧蜂开始建巢之时，小飞蝇也已准备就绪：它那以饥饿之法消灭对方的故伎又重新开始了。

如果这只是一个孤立的情况，我们就不用去注意它了：多一只隧蜂少一只隧蜂对生态平衡并不重要。可是，不然！以各种各样的方式进行杀戮抢掠已经在芸芸众生中横行无度了。从最低等的生物到最高等的生物，凡是生产者都受到非生产者的盘剥。以其特殊地位本应超然于这些灾难之外的人类本身，却是这类弱肉强食的残忍表现的最佳诠释者。人在心中想："做生意就是弄别人的钱。"正如小飞蝇心里所想："干活就是弄隧蜂的蜜。"为了更好地抢掠，人类创造了战争。人们每个星期日在村中小教堂里唱诵的那个崇高的梦想："荣耀归于至高无上的上帝，和平归于凡世人间的善良百姓！"① 我们将永远也看不到它会实现。如果战争关系到的只是人类本身，那么未来也许还会为我们保存和平，因为那些慷慨大度的人在致力于和平。但是，这灾祸在动物界也极其肆虐。既然这种灾祸是普遍现象，那也许就是无法治愈的绝症了。

于是，人们便挖空心思，终于想象出来一个巨人，能把各个星球把玩于股掌之中。他是无坚不摧的力量的化身，他也是正义和权力的代表。他知晓我们在打仗，在杀戮，在放火，野蛮人在获得胜利；他知晓我们拥有炸药、炮弹、鱼雷艇、装甲车以及各种各样的高级武器；他还知晓我们因贪婪而引起的可怕的竞争。那么，这位正义者，这位强有力的巨人，如果他

① 原文为拉丁文。

用拇指按住地球的话，他会犹豫着不把地球按碎吗？

他不会犹豫的，但他会让事物顺其自然地发展下去的。他心中也许会想：“古代的信仰是有道理的；地球是一个长了虫的核桃，被邪恶这只蛀虫在啃咬。这是一种野蛮的雏形，是朝着更加宽容的命运发展的一个艰难阶段。我们随其自然吧，因为秩序和正义总是排在最后的。”

红蚂蚁

如果把鸽子运到几百里远的地方，它会自己返回到自己的鸽舍里的；燕子从它在非洲的居住地飞越大海，重新回到自己的旧巢里去。在这么漫长的旅途中，它们依靠什么来寻找方向呢？是依靠视觉吗？《动物的智慧》一书的作者、睿智的观察家图塞内尔①，对自然状态下的动物的了解可谓独此一家，他认为是视觉和气象在指引信鸽寻找方向。他在书中写道："法国的这种鸟凭借自己的经验获知，严寒源自北方，炎热来自南方，干燥生于东方，潮湿出

① 图塞内尔（1803—1885）：法国政治家。

自西方。它具有足够的气象知识，可以为自己辨别方位，指导飞行。放在用盖子盖住的篮子里的鸽子，从布鲁塞尔运到法国南部的图鲁兹，它们是绝对不可能用自己的眼睛把自己所经过的地方记录下来的，但是，没有人能够阻止它们根据对大气的热度的印象，感觉到自己是向南方走去。等到到达图鲁兹之后，它便知道自己的鸽舍是在北方，应往北边温度较低的地方飞去，于是，它们便一直朝这个方向飞着，直到飞抵的空域的平均温度是它所居住的区域的温度时，才会停止飞翔。如果它未能立刻找到自己的家门的话，那就说明它不是飞得偏左了，就是飞得偏右了。这时候，它只需往东边或往西边寻找一番，花上几个小时，就可以把自己的飞行路线上的偏差给纠正过来了。”

如果位置的移动是北—南方向，那么这个解释就非常诱人，但这个解释却不适用于在等温线上的东—西方向的移动。另外，这种解释存在着一大缺点：它无法推而广之。猫穿过第一次来到的城市的大街小巷组成的迷宫，从城市的一端跑到另一端，回到自己的家中，这就不能归之于视觉的作用，也不能说是气候变化的影响。同样，我的石蜂也不是凭着视觉的指引，特别是当它们在密林中被我放出来时，它们飞得不太高，离地面只有两三米，没有可能看清这个地方的全貌，以便在脑海中绘出图来。它们被放飞之后，只是稍加犹豫，在我身边绕了几圈，便朝北边飞去。尽管密林深处树木繁茂，枝叶交错，尽管丘陵高高，连绵不断，它们顺着离地面不高的斜坡往上飞，越过一切障碍。视觉指示它们避开了种种障碍，却并未告诉它们应往哪个方向飞。至于气候，也起不了作用，因为在几公里的这么短的距离之内，气候是没有什么变化的。即使它们的方位感很强，可它们的巢穴所在的地方与放飞地点的气候完全一样，冷热干湿的变化不大，所以它们对往何处飞去并无把握。我在想，一定是有着一种什么神秘的东西在指引着它们，它们肯定是具有我们人类所不具有的特别的感觉。达尔文的权威无人藐视，他也持有这一观点。想了解动物对地电是不是具有感应作用，想了解动物是不是受到紧贴于身的一根磁针的影响，这不就是在承认动物具有一种对磁性的感觉吗？我们人类有这样的感官官能吗？当然，我说的是物理学的磁力，而不是梅斯梅尔①或卡廖斯特罗②所说的磁力。

这种未知的感官官能是否存在于膜翅目昆虫身上的某个部位，以某个特殊的器官来感知呢？我们立刻便会想到它的触角。当我们对昆虫的习性不甚了解时，总是把它的怪异行为归之于它的触角，认为它的触角上一定有什么我们所不了解的特殊的东西存在。可是，我完全有理由对触角具有指示方向的能力表示怀疑。当毛刺砂泥蜂在寻觅昆虫时，它的确是用自己的触角在不断地拍打着地面，如同用手指轻弹地面一样。但这种仿佛在引导昆虫捕猎的探测

---

① 梅斯梅尔（1734—1815）：奥地利医生，提出“动物磁力”说，认为人可以通过这种磁力向他人传递宇宙力。

② 卡廖斯特罗（1743—1795）：意大利魔术家和冒险家，曾在欧洲兜售一种所谓的“长生不老药”。

大概并不可能被用来指引昆虫的飞行方向。

为了搞清这个问题，我做了一些实验。我把几只高墙石蜂的触角，尽量地齐根剪去，然后，把它们弄到别处去放飞，可它们像其他石蜂一样，很容易地就回到自己的巢里了。我还以同样的方法对我们这一地区最大的节腹泥蜂（栎棘节腹泥蜂）进行了实验。这种捕食象虫的泥蜂也同样很容易地回到了自己的居所。因此，我便把触角具有指示方向官能这种假设给抛弃了。那么，昆虫的这种感觉官能究竟存在什么地方呢？这我并不知道。

我所知道的，而且是通过实验清楚地知道的，就是没有了触角的石蜂，回到自己的蜂房之后并不恢复工作。它们只是一味地在自己所建造的建筑物前飞来飞去，在石头子上歇息，在蜂房的石井栏边停一停。它们仿佛是在那儿悲苦地沉思默想，久久地凝视着那尚未完工的建筑物。它们离开了又回来，把周边的所有不速之客统统赶走，但它们再也不会去运送蜜浆或灰泥了。第二天，我没有再见到它们，不知它们去了哪里。工人没有了工具，哪儿还有心思干活儿？石蜂在垒屋砌窝时，总是用触角不停地拍打着，探测着，勘探着，仿佛依靠自己的触角把活儿干得精细完美。触角就是它们的精密仪器，如同建筑工人的圆规、脚尺、水准仪和铅绳。

我一直用的是雌性昆虫在做实验，它们出于母性，对窝的建造更加忠实卖力。如果用雄蜂做实验，把它们弄到别的地方，会出现什么情况呢？

我原本对这些情郎并不看好。它们有这么

几天工夫，围着蜂房乱哄哄地飞来飞去，等着雌蜂从蜂房出来，你争我夺，争风吃醋，然后，你就再也见不着它们的踪影，它们根本不去过问房屋居室盖到什么程度了。我就在想，对于雄蜂来说，留在出生的蜂房或去别处安家，有什么大不了的，只要那儿可以找到妻子情人就可以了！可是，我想错了，错怪了它们，雄蜂回到蜂房里来了。我考虑到雄蜂身体弱小，没有把它们弄到很远的地方去放飞，只让它们飞了一公里左右的路程。不过，尽管路途不算遥远，但对于雄蜂来说，这仍然是从陌生之地起飞的一次远程航行，因为我还从未见过雄蜂飞过这么长的距离。

有两种壁蜂——三叉壁蜂和拉特雷伊壁蜂——也同样飞到我的荒石园昆虫实验室的蜂房里来。它们在石蜂留下的洞穴里建房搭窝。来得最多的是三叉壁蜂。这是探究这种定向感觉在多大程度上遍及膜翅目昆虫的大好机会。的确，三叉壁蜂无论雌雄，都知道返回窝里。我进行了一些短距离的实验，用的蜂不多，实验的结果与其他实验的结果相同，因此，我对自己的结论完全信赖了。总之，加上我以往所做的实验，得出的结论是，有四种昆虫能够返回自己的窝里，它们是棚檐石蜂、高墙石蜂、三叉壁蜂和节腹泥蜂。我可否就此将我的这一结论推而广之，认为昆虫就是具有这种从陌生的地方返回自己的家园的能力呢？我还不敢这么说，因为据我所知，下面的一种相反的结果就很能说明问题。

在我的荒石园昆虫实验室里，有许多的实验品，首推红蚂蚁。这种红蚂蚁犹如捕猎奴隶的亚马孙人①，她们不善于哺育儿女，不会寻找食物，即使食物就在身边也不会去拿，必须依靠仆人们伺候她们进食，帮她们料理家务。红蚂蚁就是这样，专门去偷别人的孩子来伺候自己家族。它们抢掠邻居家的不同种类的蚂蚁，把别的蚂蚁的蛹掠到自己的蚁穴里来，不久之后，蛹蜕了皮，就成了红蚂蚁家中拼命干活的

---

① 亚马孙人：传说中的妇女民族，生活在高加索或斯基台一带。

奴仆了。

炎热的夏季来到时，我经常看见这些亚马孙人从它们的营地出发，前去远征。这支远征的队伍竟长达五六米。如果沿途未遇见什么引起它们注意的事情，那它们的队形就始终保持不变；但是，如果突然发现了蚂蚁窝的话，前排打头的红蚂蚁就立刻停下脚步，变成散兵队形，乱哄哄地围成一团打转。这时候，后面的红蚂蚁便聚到这个蚁团中来，越聚越多。一些侦察尖兵被派出去打探，如果发现情况搞错了，它们便恢复原来的队形，继续前进。它们穿过园中小路，消失在草地中，但一会儿又在稍远点的地方出现了，然后又钻进枯枝败叶堆里，再大模大样地钻出来，就这样一直在寻寻觅觅。最后，终于发现了一个黑蚂蚁窝，红蚂蚁就立即急不可耐地闯入黑蚂蚁蛹穴里去，不一会儿，携带着各自的战利品纷纷爬出来。有时候，在这地下城市的城门口，遇上黑蚂蚁在守卫着，一方要尽力守护自己的财产，另一方则势在必得，双方混战一场，场面颇为惊心动魄。由于敌我双方力量的悬殊，胜利者当然是红蚂蚁。这帮强盗，一个个用大颚咬住黑蚂蚁的蛹，急急忙忙地往回家的路上赶。不了解奴隶制的读者，可能对这种亚马孙人的抢掠故事感到有趣，可我却不想多谈这种事情，因为这个故事与我想要讲述的昆虫返回窝巢的主题有所偏离了。

抢掠蚁蛹的红蚂蚁的运输距离之远近，取决于附近有没有黑蚂蚁。有时候，十几步路的地方就有黑蚂蚁穴，有时候则必须跑到五十步，甚至一百步开外的地方去寻找。我只看到过一次红蚂蚁远征到园子以外的地方去了。它们爬上园子那四米高的围墙，翻过墙去，一直爬到远处的麦田里。至于要走什么样的路，这支征服大军是并不在意的。荒芜的不毛之地，绿草茵茵的草坪，枯枝败叶堆，砖石建筑，杂草丛等等，它们都可以爬过去，并不挑挑拣拣，有所偏好。

然而，返回的路却是不可改变的，必须是原路返回，无论原路是多么曲曲弯弯，高低不平，是否难行。由于捕猎的或然性，红蚂蚁往往要经由十分复杂难行的路途，但即便如此，它们在获得战利品返回家园时，仍旧是走原先来时的路，即使来路艰险万分，它们也始终不渝，绝对不会改变路线。

如果它们去时经过的是厚厚的枯叶堆，那对它们来说，就等于是满地深渊的地带，稍有不慎，一失足便掉进深渊里去了。一旦掉到很深的凹处，往上爬到摇摇晃晃的枯枝桥上，然后再走出这小路纵横交错的迷宫，红蚂蚁就得累个精疲力竭，浑身散架。即使这样，它们仍旧是死心塌地地沿着原路走。如果想偷点懒，旁边就是一条好走的道，十分平坦，而且离原路只一步之遥，可是，它们就是看不到这仅仅一步之隔的平坦大道。

有一天，我发现它们又出发去抢掠了，在池塘砌起的护栏内边排着长队往前挺进。头一天，我已经把池塘里的两栖动物换成了金鱼。突然间，一阵强劲的北风吹袭过来，从侧面狠狠地吹刮着它们，把好几排兵丁刮落到池塘中去。金鱼一见，立刻加速游了过来，张开那对于红蚂蚁来说深如巷道的大嘴，把落水者全都吞进肚里。天有不测风云，雄关漫道，红蚂蚁大队尚未越过天堑，便伤亡惨重。我心里在想，它们归来时应走另一条道，何必非要经由这致命的悬崖峭壁呢？但情况并非如我所料。大颚里咬着黑蚂蚁蛹的长长队伍仍然是原路返回，尽管明知这条路崎岖艰难，有致命的危险。这对金鱼来说，倒是再好不过的了，它们得到了从天而降的双份吗哪①：蚂蚁和它的猎物。这不可理喻的顽固的红蚂蚁大队，宁愿损兵折将，也非要原路返回。

这帮亚马孙人之所以这么固执，看来是因为它们有时出外抢掠的路途较远，如果不原路返回，很可能走迷了路，回不了家。毛虫从窝里出来，爬到另一根树枝上去寻找更合适的可口的树叶时，在自己走过的路上留下丝线，然后再沿着这条丝线回到自己的家中。这就是远

① 吗哪：《圣经》中所叙述的天赐食粮。据说以色列人离开埃及前往迦南的40年旅途中，上帝显灵，赐这天粮给他们。

行时会遇到迷路的危险的昆虫所能够使用的最基本的方法：一条丝线把它们带回了家。比起毛虫及其简单幼稚的寻路方法来，我们对于依靠感官定向的石蜂以及其他一些昆虫的了解就非常少了。

红蚂蚁这种抢掠者虽然也属于膜翅目类，可它们出外返家的办法却是少得可怜。这从它们只知从刚刚走过的路往回返就可以看得出来。它们这是不是在某种程度上仿效毛虫的办法呢？当然，它们沿途并不会留下指路的丝，因为它们身上并没有这样的器官。那么，它们会不会一路上散发出某种气味，譬如甲酸味什么的，以便通过嗅觉引导方向？许多人是持有这种看法的。

据说，蚂蚁就是通过嗅觉来辨明方向的，而它的嗅觉就在它那始终动个不停的触角上。我对这种看法持有怀疑。首先，我并不相信嗅觉会存在于触角上，其理由我已经提到过了；再者，我希望通过实验来证明红蚂蚁并不是依靠嗅觉来辨别方向的。

我时间很紧，没工夫一连几个下午去观察我的那些亚马孙人大队的出发，而且，即使浪费了这么多时间去跟踪观察，往往也无功而返。可我有一个小助手，她没我那么忙，她名叫路易丝，是我的小孙女，我每每跟她讲述蚂蚁的故事，她都很感兴趣，而且还刨根问底。我把任务交代给她时，她高兴得什么似的，对小小年纪就能为科学做出贡献感到十分自豪。于是，天气晴朗时，她便满园子跑，寻找红蚂蚁，监视红蚂蚁，仔细地辨认它们列队前去打劫黑蚂蚁窝的路径。她这已不是第一次充当我的小助手了，对她的认真负责，我是非常放心的。有一天，我正在记笔记，只听见有人砰砰地直敲我的书房门："是我，路易丝，快来，爷爷，红蚂蚁爬到黑蚂蚁窝里去了。快来呀！"我连忙打开房门，问她道：

"你看清楚它们走的路了吗？"

"看清楚了，我还做了记号哩。"

"做了记号？怎么做的？"

“像小拇指①那样做的呗，我把小白石子撒在红蚂蚁走过的路上。”我赶忙跟着她跑到园子里去。没错，我的六岁的小助手说得没错。她事先准备好了一些小白石子，看到红蚂蚁大队人马浩浩荡荡地列队走出兵营，她便跟随其后，在它们行经的路上，隔一段撒上点小白石子。这帮亚马孙强盗打劫抢掠之后，便开始沿着小白石子所标示的那条路返回来。打劫地点与它们的家相距百米。这样一来，我便有时间进行事先利用空闲所策划的实验了。

我抄起一把大扫帚，把红蚂蚁的行军路线扫得干干净净，扫出的路面有一米宽，路面上的浮土全都扫尽，撒上点别的粉状材料。如果原先的浮土上留有红蚂蚁的气味的话，现在，浮土扫尽，粉状材料已经更换，红蚂蚁肯定会被弄得晕头转向，辨别不清方向来。我把这条路的出口处分割成彼此相距几步远的四个路段。

现在，红蚂蚁大队来到了第一个切割开来

---

① 小拇指：法国诗人、童话作家佩罗（1628—1703）的童话《小拇指》中的主人公。

的地方。它们明显地在犹豫。有的在往后退去，然后又返回来，接着又往后退去；有的则在切割开的部分的正面徘徊彷徨；有的就在侧面散开来，似乎想要绕开这个陌生的地方。蚁队的先头部队一开始是聚集在一起的，结成一个有几十厘米的蚁团，然后就散开来，宽度有三四米。这时候，后续部队也拥上前来，在这障碍物前越聚越多，相互堆挤在一起，乱哄哄一片，茫然不知所措。最后，有几只大胆的红蚂蚁，毅然决定冒险走上那条被扫过的路，其他的红蚂蚁随后便跟了上来；与此同时，有少数的红蚂蚁则绕了个弯，也走上了原先的那条路。其下面的那几个切割路段，它们同样也这么犹豫来犹豫去的，但最终，或直接地，或从侧面绕着，都走上了来时的那条路。我虽然设下了圈套，扫清道路，分段切割，但红蚂蚁最终还是沿着有小白石子标示的那条来时路返回去了。

这个实验似乎说明红蚂蚁的嗅觉确实是在起作用。凡是在被切割的路段，红蚂蚁四次都同样地表现出犹豫不决来，但它们最后还是踏上了原路，回到了家中。这也许是我清扫得还不够干净彻底，一些有味道的浮土仍然残留在原来的那条路上。绕过扫干净的地方走的红蚂蚁，有可能是受到扫到一旁的浮土的气味所指引。因此，我还不能急着下结论，在表示赞成或反对嗅觉起作用之说以前，我必须在更好的条件之下，再进行实验，必须把它们留在一切材料上的气味全部消除干净。

几天之后，我认真细致地制订了新的计划。小路易丝又帮我去进行观察。很快，她就跑回来向我报告，说红蚂蚁出洞了。这我并不感到惊讶，因为时值六月，下午天气闷热难耐，特别是大雨将要来临，红蚂蚁很少有不爬出洞外来的。我仍旧把小白石子撒在红蚂蚁走过的路上，撒在我选定的最有利于实现我的计划的地方。我把一根作为园子浇水用的帆布管子接到池塘的一个接水口上，把阀门打开；红蚂蚁经过的路径被管子里的汹涌喷射出来的水给冲断了，冲出一个一步宽的大缺口，冲出好远好远去。我就这么猛冲了有一刻钟的工夫。然后，当红蚂蚁抢掠归来，走近这儿时，我减缓水流的速度，减小水层的厚度，免得让它们过于费劲乏力。如果这帮强盗必须经由原路返回的话，那它们就必须越过这一巨大的障碍。

红蚂蚁的先头部队在这个大缺口面前犹豫了很长很长的时间，后面的红蚂蚁们有足够的时间赶上前来，与排头兵们聚集在一起。只见它们最后利用露出水面的卵石，走进了急流；然后，脚下的基础没有了，那些最大胆最勇敢的便被流水卷挟而去，但它们的大颚仍旧紧紧地咬着，不肯丢弃自己的猎获物，就这样随波逐流，最后被冲到突出的地方，又到了河岸边，重新找寻可以涉水渡河的地方。地上有几根麦秸秆儿被冲得到处都是，这便是红蚂蚁需要迈上的摇晃不稳的独木桥。有一些橄榄树的枯枝，被咬着猎获物的乘客们当作了木筏。有一部分最勇敢的红蚂蚁，靠着自己的胆量，也靠着好运气，没有利用任何渡河工具，涉水而过，爬上了对岸。我看到有些红蚂蚁被水流卷带到此岸或彼岸两三步远的地方，看上去它们非常焦急，不知究竟该如何办才好。在这支溃散部队的一片混乱惶恐之中，在遭到这个灭顶之灾的时候，我没发现有哪一只红蚂蚁把嘴里的猎获物丢弃的。它们是宁可死也绝不丢掉战利品的。总而言之，它们总算渡过了难关，勉勉强强，凑凑合合地渡过了激流险滩，而且是从规定的路线渡过去的。

在这之前，湍急的水流已经把路段给清洗干净了，而且，在它们忙于渡河的时候，仍不断地有新的水流流过，因此，我觉得，经过我这么一折腾，路上留下的气味应该是没有了，这个问题可以排除在外了。如果这条路上有丁酸味道，我们的嗅觉也嗅不出来，至少在我所说的条件下感觉不出来。现在，我来用一件更加强烈而且我们可以嗅得出来的气味来代替，看看会出现什么情况。

我来到了第三个出口处，在红蚂蚁必经之路上，拿了几把薄荷叶，把地面擦拭了一番。这薄荷叶是我刚从花坛里手摘的，很新鲜，气味挺浓。在路的稍远处，我又用薄荷叶铺在地上。

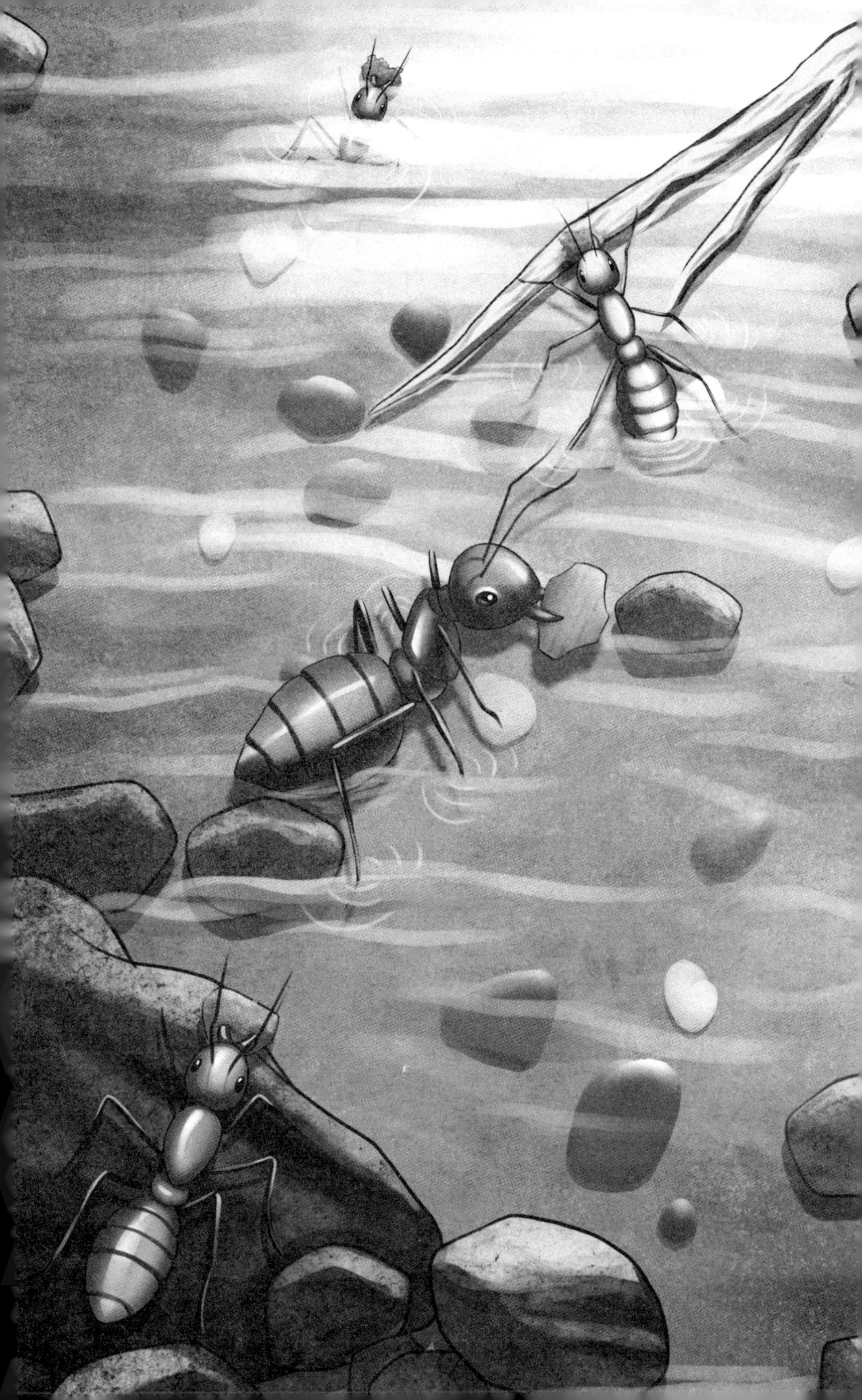

红蚂蚁抢掠归来，经过用薄荷叶擦拭过的地方时，没有显出担心、犹豫，而来到薄荷叶覆盖着的地段时，也只是稍加犹豫，便毅然决然地走了过去。

经过这两次实验——用水冲刷路面的实验和用薄荷叶改变气味的实验——之后，我觉得，再认为是嗅觉在指引着蚂蚁沿着原路返回家园的，那就没有道理了。我再做一些别的测试，我们就会明白了。

现在，我对地面未加改变，而是用几张很大的纸张，横铺在路面上，用几块小石头把它们压住，弄平。这块纸地毯彻底地改变了道路的外貌，但丝毫没有去掉可能会有的气味。红蚂蚁爬到这纸地毯面前，非常犹豫，疑惑不解，比面对我所设下的其他圈套，甚至激流，都要更加犹豫不决。它们从各个方面探查，一再地前进，后退，再前进，再后退，最后才铤而走险，踏上了这片陌生的区域。它们终于穿越了纸地毯。通过之后，大队人马又恢复了原先的行进行列。

我在稍远处还设下一个圈套，在静候着这帮亚马孙人抢掠大军。我用一层薄薄的细沙把路给切断，而这条路原本是浅灰色的。道路颜色这么稍加改变，就会让红蚂蚁颇费一番踌躇。它们在这层薄薄的黄沙面前就像先前面对纸地毯一样，犯起嘀咕来，不过，它们犹豫的时间并不长，很快，就毅然决然地穿越了眼前的这道障碍。无论是黄沙铺地还是用纸铺成地毯，都并没有使来时路上的气味消失掉，但红蚂蚁走到这些障碍面前时，都要先犹豫再三，停止前进，这就说明并不是嗅觉而是视觉使它们最终找到了回家的路。没错，是视觉在起作用，只不过它们的视力十分微弱，只要移动几个卵石就能改变它们的视野。由于它们近视得厉害，所以，一条纸带，一层薄荷叶，一层黄沙，甚至更加微小的改动，对它们来说，简直就是面目全非，致使这些兴冲冲带着战利品班师回朝的抢掠大军焦急不安地在这陌生地带举步不前，徘徊彷徨。最终之所以还是穿越了这些可疑的地区，那是因为它们经过反复尝试，企图穿过这片经过加工改造的地带的过程中，有几只蚂蚁终于认出了前面有些地方是它们所熟悉的，而其他的蚂蚁对这些视力较好的同胞十分信赖，便跟着它们穿了过去。当然，光靠这么点微弱的视力还是不够的，这些亚马孙强盗还具有精确的记忆力。蚂蚁还有记忆力？那它的记忆力是怎么回事？它的记忆力跟我们的有何相似之处？对于这些问题，我无从回答，但是，我可以明确地说，昆虫对于自己到过一次的地方是记得很准确的，而且还记得非常牢。这一点我可没少发现。我甚至还观察到这样的情况：红蚂蚁抢掠的猎获物太多，一趟搬不完，或者，这支远征军发现某处黑蚂蚁非常多。于是，第二天，或者第三天，它们还会进行第二次远征。在第二次同一条线路的远征中，大队人马无须沿途寻找，而是直奔目的地。我曾经沿着两天前这支抢劫大军所走过的那条路撒下小石子作为标记，我惊奇地发现它们走的是同一条路，走过一个石子又一个石子。我事先就在推测，它们会根据我所做的路标，沿着我的石桥墩向前迈进。情况果然如此，没有出现什么大的偏离。

它们所走的路是两三天前的路了，路上留下的原有的气味应该已经散尽，不可能保持这么久的。所以我得出结论，是视觉在指引着远征的红蚂蚁们的。当然，除了视觉之外，还有它们对地点的极其准确的记忆。而它们的这种记忆力强到能把印象保留到第二天，第三天，甚至更久。这种记忆力极其精确，因为它在引导红蚂蚁穿越各种各样的地形地貌，沿着前一天或前几天所走过的路返回家园。

如果遇到不认识的地方，红蚂蚁会怎么办呢？除了对地形的记忆以外（在此，记忆力已于事无补，因为我假设这个地区还没有被探测过），它们有没有像石蜂那样的即使是在小范围内的指向能力呢？能不能返回自己的居所，或者跟正在行进的大队会合呢？

这支抢掠大军并未搜寻园子里的角角落落。它们尤为喜欢探索的是北边，毫无疑问，在北边抢劫的收获最大。所以，它们的大队人马通常总是向北边开拔。在南边，我却很少见到它们光顾。因此，它们对园子的南边即使不是完全不认识，起码也是不如对北边那么熟悉。在作了这番交代之后，我们一起来观察一番，红蚂蚁在这片它们不太熟悉的地方会有什么样的表现。

我守候在红蚂蚁穴旁边。在大队人马抢掠归来的时候，我把一片枯叶放在一只蚂蚁面前，让它爬到叶子上面去。我没有去碰它，只是把它运送到离长长的队伍有两三步远的地方去，当然是往南边的两三步远处。这么远的距离，又是它所不熟悉的环境，它立刻便晕头转向了。我看到这只小红蚂蚁被放到地上之后，漫无目的地在寻觅着，茫然不知所措，但是，嘴里的战利品并没有被它抛弃。只见它急匆匆地奔跑着，与自己的同伴的距离越来越远了，可它还以为是在追赶队伍哩。不一会儿，它又折返回来，又走远去，东边试探一番之后又转向西边，向四面八方去探寻，但总也找不对路。其实，它的同伴们就在离它两步远的地方在向前挺进。

我还记得有几只这样的迷路者，左寻寻右觅觅，忙活了半个小时，又急又慌，始终走不上正道，而是越离越远，但大颚仍旧咬着黑蚂蚁蛹不放。它们后来的结局是什么？它们把它们的战利品如何处置了？我没有时间也没有耐心一直跟踪这几个迷路的强盗。

这种膜翅目昆虫显然没有其他的膜翅目昆虫所具有的指向感觉。它们只不过是能够记住所到之处而已，除此之外，没有其他方面的特长。只要让它偏离主路两三步远，它就会迷失方向，无法与家人团聚；而石蜂则不然，即使飞越几公里，也能找准方向，这难不倒它。这种奇妙的感官只有几种动物才会具有，而我们人却并不具备，我曾经对此深感惊讶。人与这几种动物在这个方面的差别竟然如此之大，很引起人们的争议。现在，这种差别已不复存在，进行比较的是两种十分相近的昆虫，两种膜翅目昆虫，它们之间竟然也有这么大的差异！如果它们是从一个模子里出来的，那为什么一种膜翅目昆虫具有某种官能，而另一种膜翅目昆虫却并不具有呢？多了一个官能，这可非同小可，比起器官上的某个小问题来，这可是非常重要的特征啊！我对此不甚了了，我盼着进化论者能向我提供一个站得住脚的理由来。

我前面已经看到了这种对准确地点的惊人的记忆保持得那么久而且记得那么牢，那么，这种记忆力到底好到什么程度，竟然能把印象铭刻在心里？红蚂蚁需要多次走过或者只要一次远征就能知道沿途的地形地貌吗？它所走过的路线是不是一下子就深印在它的记忆之中了？红蚂蚁在出动去抢掠黑蚂蚁窝时，它们并没有固定的目标，是随心所欲地这么往前走的，边走边搜索，所以它们想往何处去搜寻猎物，我们无从干预。现在，让我们一起来观察一下其他膜翅目昆虫是怎么做的吧。我选定了蛛蜂作为观察对象。我在此不准备专门介绍蛛蜂的习性。

它们捕食蜘蛛和掘地虫。它们先抓住猎物，把它麻醉之后，留给未来的幼虫当作食粮，然后再建住所。如果挟带着沉重的猎物去寻找适

合筑窝建巢的处所，那是极其困难，很不方便的，因此，它便把猎获的蜘蛛什么的存放在草丛或灌木丛这样高一些的地方，以防不劳而获、坐享其成的其他昆虫，尤其是蚂蚁，趁自己不在时，把猎物给蚕食或糟蹋了。把猎物存放好之后，蛛蜂便去寻找一处合适地点，挖洞穴，筑窝巢。在建房造屋的过程中，它仍会时不时地飞去看看它存放的猎物；轻轻地咬一咬，拍一拍猎物，似乎因获得如此丰盛的食物而沾沾自喜，乐不可支；然后，它又回到建筑工地，继续挖洞建房。如果它觉得情况有点不对头，它不仅会去探看猎物，还会把猎物搬到离建筑工地近一些的地方来，当然，仍旧是存放在较高的地方。蛛蜂确实是这么做的，所以我可以利用这一特点去了解一下它的记忆力究竟好到什么程度。

当蛛蜂在地下忙着挖洞筑巢的时候，我便把它的猎物拿走，放在离原存放点仅半米远的空旷处。不一会儿，只见蛛蜂飞过来查看自己的猎物了，它径直飞向存放点。它对所走的方向非常有把握，对存放点记得非常清楚，这很可能是它此前曾多次来过这儿的缘故？我没见它以前来过，所以对此不敢妄加推测。总之，蛛蜂一下子就找到了存放猎物的草丛。它在草丛上走过来走过去的，仔细地查找猎物，多次回到存放猎物的那个点。最后，它确信自己的猎物已不翼而飞，便用触角拍打地面，慢慢地在存放点四周再仔仔细细地搜寻，终于发现猎物就在一旁不远处的一个空旷的地方。它觉得莫名其妙，非常惊讶。它朝猎物走去，突然猛地一惊，往后直退。猎物是活的还是死的？是我刚才捕获的那个猎物吗？它那模样好像是在作如是想。其实并不是这么回事。

蛛蜂只犹豫了不大的一会儿，然后便咬住猎物，倒退着拉住它，把它拉到离第一次的存放点两三步远的植物丛里，存放在高处。接着，它又回到工地，又挖了一段时间。我趁它返回工地时，再一次地把它的猎物移换了位置，把它放在离存放点稍微远一点的光秃秃的空地上。这种情况是很适合评判蛛蜂的记忆力的。已经有两个草丛作为它的猎物存放处了。第一个草丛，蛛蜂是十分准确地回到那儿去的，这很有可能是因为这个存放点它已来过多次，有较深的印象，但我并未观察到；而对第二个草丛，它的记忆中肯定只有一点肤浅的印象，它并没经过仔细观察，便选定了，只是匆匆忙忙地把猎物挂在草丛高处，便急急忙忙地返回工地去了。这第二个存放点是它第一次看到，而且是经过时匆忙看到的。这么匆匆一瞥，它能记得很准确吗？另外，在昆虫的记忆中，两个地点现在可能被搞混淆了，第一个存放点跟第二个存放点会让它不知谁先谁后。它究竟会往哪儿去探看呢？

我们很快就能知晓结果。蛛蜂已离开洞穴，再一次去查看自己存放的猎物。它径直奔向第二个存放点，在那儿找了很久，怎么也找不到自己的猎物。它明明知道自己就是把猎物存放在那儿的，怎么会找不着呢？它继续在那儿寻找着，根本没有打算回到第一个存放点去看看。对于它而言，第一个存放点已不复存在，它关心的只是这第二个存放点。只见它在原地找了个遍之后，又往四周继续寻过去。

它终于在那个光秃秃的空旷地找到了自己的猎物，那是我把猎物放到那儿去的。蛛蜂立即把寻找回来的猎物存放到第三个草丛高处。我又对它进行了测试。这一次，蛛蜂毫不迟疑地就直冲第三处草丛奔去，根本就没有与前面两个存放点发生混淆，对头两处它根本不屑一顾，足见它的记忆力是十分准确的。我以同样的方法又继续进行了两次实验，蛛蜂总是直奔最后的那个存放点，对先前的存放点根本不予理会。蛛蜂这个小家伙的记忆力真是惊人，令我叹服。一个与别处并无多大不同的地方，它只要匆匆忙忙地瞥上一眼，就能够深深地印在记忆之中，何况它还有很多的活儿要干，还得忙着建房造屋，操心的事不少。我们作为高级动物，我们的记忆力能够始终像蛛蜂那么好吗？我看未必。回过头来再看看红蚂蚁，它也具有与蛛蜂同样的记忆力，因此，它在长途跋涉之后，沿着原路返回家中，也就没有什么可以怀疑，没有什么无法解释的了。

现在，我来再给蛛蜂制造点麻烦，增加点难度。我用指头在土里按下一个印，弄出个凹坑，把蛛蜂的猎物放进这个小凹坑里，上面用一片薄薄的叶子把它盖好。蛛蜂来到猎物存放点之后，居然从叶子上穿过，在上面走过来走过去，却并没想到自己的猎物就在叶下。然后，它又往四周去寻找，终无所获。这就说明，指引它的并非嗅觉，而是视觉。在此期间，它的触角一直在不停地拍打着土地。那么，触角这个器官究竟起到什么作用呢？这我说不清楚，我只知道它不是嗅觉器官。通过对砂泥蜂寻找灰毛虫的实验，我已经得出了这个结论；现在，我所得到的证据已经经过实验，我觉得这是决定性的，毋庸置疑。我还得指出，蛛蜂的视力很弱，所以它虽经常在离自己猎物不远的地方来来往往地寻找，却没能一眼就看到自己那被我挪了窝儿的猎物。

燕子与麻雀

燕子与麻雀属于鸟类，而不是昆虫，但是，在我所生活的这个地区，它们又是最常见的鸟类。我想，在别的地方，它们想必也是最常见的鸟儿。它们与人朝夕相处。所以，我心血来潮，在观察研究昆虫的同时，又想到了它们。每天，我睁开眼来，便会看见它们，听见它们叽叽喳喳的叫声。

在介绍昆虫的时候，我总是不吝笔墨地要讲述它们的窝巢。那么，燕子在哪儿搭窝筑巢呢？特别是在窗户和烟囱发明之前，燕子把自己的巢建于何处？在瓦屋顶和有窟窿的墙壁出现之前，麻雀会为它的家人选择什么地方作为栖息之处呢？

大卫王①早就说过，就这样在屋里孤孤单单地度过。从大卫王的时代起，每年盛夏炎热的季节到来时，麻雀就躲到屋檐瓦片下，悲悲切切地不停地叽叽喳喳个没完，直到如今，它们依然如故，秉性难改。那时候的建筑与我们今天的建筑区别不大，起码对麻雀来说，都同样舒适，所以说，麻雀早就以瓦片为栖息藏身之所了。但是，当巴勒斯坦人只是以驼毛来织布、做帐篷的时候，那麻雀又会飞到何处去藏身呢？

大诗人维吉尔向我们讲述了善良的艾万德②，他在其向导——两条高大的牧羊犬——的引导下，来到了他的主人埃涅阿斯③的身旁。维吉尔让我们看到大清早就被鸟儿的歌唱唤醒

---

① 大卫王（公元前1010—前970）：希伯来人的第二位国王。据传说，他是《圣经》的部分诗篇的作者。

② 艾万德：古罗马传说中的英雄，是众神使者墨丘利与一位村中仙子之子，维吉尔在《埃涅阿斯纪》中将他写成埃涅阿斯的盟友。

③ 埃涅阿斯：古罗马起源传说中的特洛伊王子，古罗马缔造者的祖先。维吉尔的长篇史诗《埃涅阿斯纪》即以此为蓝本。

了的艾万德：

> 陋室中的艾万德，听到鸟儿欢唱，他高兴地醒来了。

这些鸟儿从曙光初现时起就在拉丁姆[①]老国王的屋檐下叽叽喳喳的，它们是什么鸟儿？据我所知，只有两种：燕子与麻雀。它们都是我的隐居所的报晓钟，而且十分准。艾万德的宫殿没有一点奢华陈设，诗人维吉尔已经告诉了我们。那是一间陋室，一张小熊皮和一堆叶子就是显赫的客人的睡榻。艾万德的卢浮宫只是一间比其他茅屋陋舍稍许大这么一点的陋室，也许是由树干垒成的，也许是芦苇秆和黏土和泥砌成的，屋顶也就是用一些茅草覆盖着而已。但是，居住条件虽然十分简陋、寒碜，非常原始，燕子和麻雀却并不嫌弃，仍旧在此筑巢搭窝，起码诗人维吉尔为我们证实了这一点。但是，它们在以

① 拉丁姆：意大利东部地区，在第勒尼安海边。

人类居所为栖息处之前，又住在何处呢？

麻雀、燕子以及其他动物，在筑巢时，不可能依赖于人类的建筑工艺；每一种动物都应该具备一门生命攸关的建筑技艺，以便最大限度地充分利用可使用的场地。

麻雀首先告诉了我们，在尚未有屋顶和墙壁的年代，它是如何搭窝建巢的。它就是利用树洞来作为其栖息之所的，因为树洞较高，可以避开不速之客的骚扰，而且树洞洞口狭窄，雨水打不进来，但洞中却别有一番洞天，宽敞得很，因此，即使后来有了屋檐和旧墙，它仍旧对树洞情有独钟。中空的大树因而便成为麻雀在利用艾万德的陋室和大卫建在丝隆①岩石上的城堡之前的第一

① 丝隆：耶路撒冷的一座山丘名，通常用来指耶路撒冷。

宅第。

更令人惊叹的是它筑巢时所使用的材料。它的那张床垫可谓形状怪异，由一堆乱七八糟的羽毛、绒毛、破棉絮、麦秸秆等组成，这就需要有一个固定而又平展的支撑物来支撑。这种困难对麻雀来说，简直是小事一桩，它会想出一个大胆的方案来：它打算在树梢上，仅用三四根小枝丫作为依托，建窝搭巢。它的这个窝巢悬于半空中，摇摇晃晃的，要想让它不掉下来，可得具有高超的建筑技艺呀！它必须掌握编织技艺中的整经工、篾匠和织布工的绝技，但它成功了，它所搭建的窝巢很牢固，不会掉落下来。

它在几根枝丫的树杈间把所能找到的东西——碎布头、碎纸片、绒线头、羊毛絮、麦秸秆、干草根、枯树叶、干树皮、水果皮等等——全都聚拢在一起，做成了一个很大的空心球，一旁有一个小小的出入口。这个球形窝体积庞大，因为它的穹形窝顶需要有足够的厚度来抵御瓦片所阻挡不住的雨水。这个窝布置得很乱，没有一定之规，没有艺术性，却非常结实，能够经受得住一季的风吹雨打。如果找不到合适的树洞，麻雀就只好不辞劳苦地一点一点地搭建自己的窝巢。我家屋前有两棵高大的梧桐树，住所被浓荫遮蔽，树枝垂及屋顶。整个夏季，麻雀都飞到这儿来栖息，生息繁衍。梧桐树交相掩映的碧绿枝叶，是麻雀飞出其家屋的第一站。小麻雀在能够飞翔觅食之前，总是在这第一站叽叽喳喳地叫个不停；吃得肚子滚圆的大麻雀从田间回来也先在此歇息；成年麻雀经常在这儿开“碰头会”，照管家中刚刚出巢的小麻雀，一边训诫不听话的孩子，一边鼓励胆怯的孩子；麻雀夫妇常在这儿吵嘴；还有一些麻雀常在此议论白天所发生的事情。它们从清晨一直到傍晚，络绎不绝地在梧桐树和屋顶之间飞来飞去。然而，十二年中，我仅见过一次麻雀在树枝间搭窝的。我见到一对麻雀夫妇在忙碌着，辛辛苦苦地在一棵梧桐树上搭建空中巢穴，但是，它们好像对自己的劳动成果并不满意，因为第二年我就没看见它们再搭了。瓦屋顶提供的庇护所既牢固又省力，何必再费心劳神地去搭建什么空中楼阁呢？看来，麻雀们更加偏爱这种省时省力而又牢固的屋檐下的窝巢。

麻雀搭窝的原始艺术我们已有所了解了。现在，我们再来看看燕子是个什么样的情况。经常光临我家的燕子有两种：窗燕（城里的燕子）和烟囱燕（乡间的燕子）。这个名字不知是什么人发明的，简直俗不可耐，而且也很不准确。难道窗子只有城里人家里才有？烟囱只有乡下人家才有？怎么可以用窗子或烟囱来区别城里的燕子和乡间的燕子呢？这是很不准确的。因此，为了符合我所在的地区的燕子的习性，我把前一种燕子称为“墙燕”，后一种燕子称为“家燕”。这两种燕子所搭建的窝巢的外形有明显的区别。墙燕的窝巢呈球形，只留出一个狭窄的小洞作为出入口；家燕则将自己的窝巢筑成一个敞口杯状。

关于筑巢的地方，墙燕因不像家燕那样亲近人，所以从不选择住宅的内部。它喜欢把自己的窝巢搭建在户外，支撑物很高，避免受到不速之客的骚扰，但是，与此同时，这个窝巢又必须能避免被雨水打湿，因为它的泥巢与长腹蜂的巢穴一样地怕潮湿，因此，它更喜欢在屋檐下和建筑物的突饰底下搭窝建巢。每年春天，墙燕都会来我家拜访。它们喜欢我家房屋，因为屋子房檐向前伸出有几排砖那么宽，屋檐拱曲成半圆形。所以，大家可以看到，我家屋檐下有一长串排列成半圆形的燕子窝，屋顶突出的砖石为它们遮挡住了风雨，朝南的一面又可以接受阳光的沐浴。这一长串燕子窝，既整洁又安全，形状全都相同，唯一的缺憾是燕子不知选择哪个隐蔽所栖息为好。

除了我家屋檐以外，就只有教堂那气派的建筑物的突饰底下是它们的隐蔽之所了，我在其他地方再没见到有燕子窝。

另外，陡峭的岩壁就是天然的一堵墙壁，燕子如果发现岩壁上有一些凌空突出的凸岩，可以遮风避雨，它们肯定会在那儿筑巢建窝的，因为这儿与我家屋檐几乎功能相同。鸟类学家知道，在深山老林、人烟稀少的地方，墙燕就会在山岩峭壁上筑巢搭窝的，条件就是它的球形泥巢能在凸岩下保持干燥，不会受潮。

我家前面不远处，就是吉贡达山脉，其形态是我见过的最奇特的。山峦连绵、陡峭、倾斜，在山顶上连站都站不住。只有一面坡度较缓，那也得手足并用，攀缘而上。其中有一处陡峭悬崖，下面有一个裸露着的宽大岩石平台，如同巨人族泰坦人的城墙。平台上是陡直的山脊，如锯齿一般。有一天，我跑到这块巨石底部采集植物标本，突然间，我猛然一抬头，发现裸露的石壁前有一大群的鸟儿在盘旋。我仔细一看，竟然是墙燕。它们在平静地飞来飞去，腹部白白的，岩石上附着有球形的窝巢。我对自己的新发现感到十分欣喜，因为我终于从书本以外的地方了解到，如果没有建筑物的突饰和屋檐可供其栖息，墙燕会在笔直的岩石壁上筑巢的。由此可见，在人类建筑诞生之前，燕子就已经会筑巢建窝了。

至于家燕，则比墙燕更加信赖热情好客的

人类。另外，也许是怕冷的缘故，它们往往要把自己的窝巢筑于住宅的房屋内。在迫不得已的情况之下，窗洞和阳台也可凑合当作筑巢地点，不过，它们喜欢库房、谷仓、马厩和废弃的屋子。它们喜欢与人共居一处，它们与长腹蜂一样，不害怕占据人的地盘。它们在农家厨房里安营扎寨，在被农家烟火熏黑了的搁栅上建窝；它们甚至比有些昆虫更具有冒险精神，斗胆地把主人家的客厅、卧室、储藏室，以及一切像模像样、进出方便的处所都变成了自己的家。

为了防止它们肆无忌惮地侵占我的家园，每年春天我都要自觉自愿地把我家的库房、地下室的门廊、犬舍、柴房以及其他一些零散小屋拱手献给它们。有时，它们竟然贪心不足，连我的书房也要侵占。有时候，我连窗户都不敢打开，因为它们会把窝筑在窗帘的金属杆上以及窗子的窗扇边上。有一次，因为窗户开着，它们就飞来筑巢了。当它们铺好第一块草垫时，我毫不客气地把它撤掉了，我是想告诉它们，把窝筑在窗扇上是十分危险的，因为窗扇要经常地开开关关的，会把它们的窝给碾坏，窝里的雏燕会被碾死，但是，它们根本不听我的劝告，一意孤行，我只好整天地关着窗子，不让它们飞进来。

有一次，我因为掉以轻心，让它们乘虚而入了。它们竟然把窝筑在天花板与墙所形成的一个角落里，就在天花板的石膏线上。燕子窝下面正对我的大理石托架，架子上放着我经常需要查阅的书籍。我担心燕子窝里有脏物掉落，弄脏书籍，便把托架上的书挪开了。直到雏燕孵出之前，大家相安无事，太太平平；但是，等雏燕孵出之后，事情就来了。它们的肚子像是无底洞，食物从中穿肠而过，很快就被消化、分解了。孵化出来的一共是六只雏燕，它们一个劲儿地、几乎片刻不停地在拉，粪便似雨点般飞洒到托架上，简直是难以忍受。幸亏我有先见之明，把书都弄到别处去了，否则，这些书就没法查阅了。我又洗又擦，但鸟粪味仍弥漫在书房中，祛之不尽。

另外，书房晚间通常都是关着的，而雄燕晚上在屋外过夜；等到雏燕们渐渐长大一些，雌燕也睡到屋外去了。这么一来，每天清晨，天刚破晓，燕子夫妇便等在窗口，进不了屋，见不着儿女，十分伤心。为了不让这对夫妇如此伤心，我只好强打起精神，揉着眼睛，披上衣服，进书房开窗，放它们进屋探看儿女。

我们不难看出，这种窝巢似半口杯形的燕子完全可以称为“家养的”，可以称之为“家燕”，也就是说，它们是栖息在我们室内的。这么一来，我不禁又要问了，如同对麻雀与墙燕所产生的疑问一样：在入居屋宇之前，它们又是在哪儿栖息的呢？据我孤陋寡闻，它们除了以我们的住所为隐蔽所以外，我还从未见过它们在其他地方筑过窝巢。我查阅过一些书籍，但都没有得到有关这一问题的答案。没有一本书提到过中世纪领主们的小城堡，没有提到过除了平民百姓的住所而外，燕子曾在这些小城堡中栖息繁衍过。是不是燕子与人相处融洽，而且相处日久，在百姓住所寻找到了安逸舒适，忘了自己的古老习惯了。我对此并不相信，因为我觉得，动物习俗一旦养成，是并不会遗忘的，到了必要的时候，它就会记起来的。现在，在一些地方仍然有一些燕子并不依赖于人类，而是独立自主地在生活着，如同它们处于原始时代一样。对于燕子来说，归根结底，我们的住所意味着什么呢？意味着可以抵御风雨严寒，尤其是可以使其泥巢不受雨水浇淋，不致潮湿。天然的岩洞、洞穴和岩石崩塌所形成的坑洞，都可以成为它们的栖息之所，顶多也就是脏一点，舒适程度差一点，但毕竟还是可以栖身的。毫无疑问，在人类居所尚未出现时，它们就是在上述那些地方隐居的。与毛象和驯鹿同属一个时期的人类，过的也曾是岩石下的穴居生活，所以人类与燕子的亲密关系也许就始于那个时期。后来，渐渐地，茅屋代替了洞穴，简陋的小屋又代替了茅屋，最后，瓦宇房舍又代替了茅屋陋舍；而鸟儿的筑巢地点也同样地随之发生了变化，也逐步地升级换代，最后，燕子跟随着人们迁入到十分舒适的屋宇中来。

图书在版编目（CIP）数据

蜜蜂 /（法）法布尔著；陈筱卿译. -- 武汉：长江文艺出版社，2023.1
ISBN 978-7-5702-2972-7

Ⅰ. ①蜜… Ⅱ. ①法… ②陈… Ⅲ. ①昆虫－少儿读物 Ⅳ. ①Q96-49

中国版本图书馆 CIP 数据核字(2022)第 224765 号

蜜蜂

MIFENG

责任编辑：陈欣然　　责任校对：毛季慧

封面设计：一壹图书　　责任印制：邱　莉　王光兴

出版：长江出版传媒 | 长江文艺出版社

地址：武汉市雄楚大街 268 号　　邮编：430070

发行：长江文艺出版社

http://www.cjlap.com

印刷：武汉开心印印刷有限公司

开本：640 毫米×970 毫米　1/16　印张：7.25　插页：4 页

版次：2023 年 1 月第 1 版　2023 年 1 月第 1 次印刷

字数：46 千字

定价：23.00 元
